减贫进程中的农户食物安全追踪研究

◎ 聂凤英　黄佳琦　等　著

中国农业科学技术出版社

图书在版编目（CIP）数据

减贫进程中的农户食物安全追踪研究 / 聂凤英等著. --北京：中国农业科学技术出版社，2022.11

ISBN 978-7-5116-5975-0

Ⅰ. ①减…　Ⅱ. ①聂…　Ⅲ. ①不发达地区-食品安全-研究-中国　Ⅳ. ① TS201.6

中国版本图书馆 CIP 数据核字（2022）第 198402 号

责任编辑　徐定娜
责任校对　王　彦
责任印制　姜义伟　王思文

出 版 者　中国农业科学技术出版社
北京市中关村南大街 12 号　邮编：100081
电　　话　（010）82105169（编辑室）
（010）82109702（发行部）
（010）82109709（读者服务部）
网　　址　https://castp.caas.cn
经 销 者　各地新华书店
印 刷 者　北京建宏印刷有限公司
开　　本　170 mm × 240 mm　1/16
印　　张　13.75
字　　数　259 千字
版　　次　2022 年 11 月第 1 版　2022 年 11 月第 1 次印刷
定　　价　100.00 元

《减贫进程中的农户食物安全追踪研究》著者

聂凤英　黄佳琦　吴　舒　杨玉影　潘雪婷
赵金璐　吕开宇　甘　雨　郝晶辉　王　菲

本书获

国家自然科学基金重点国际（地区）合作与交流项目（71661147001）

国家自然科学基金面上项目（71173222）

国家自然科学基金青年项目（71303239）

国家社会科学基金重大项目（16ZDA021）

中国农业科学院科技创新工程项目（CAAS-ASTIP-2016-AII）

资助

序　言

2020年中国打赢脱贫攻坚战，历史性地解决了困扰中华民族几千年的绝对贫困问题，提前10年实现联合国2030年可持续发展议程的减贫目标，使现行标准下近1亿农村贫困人口全部脱贫，832个国家级贫困县全部摘帽，12.8万个贫困村全部出列，区域性整体贫困得到解决，完成了消除绝对贫困的艰巨任务。全面建成小康社会，最艰巨的任务是脱贫攻坚，最突出的短板在于农村贫困人口。党的十八大以来，党中央从全面建成小康社会要求出发，把扶贫开发工作纳入“五位一体”总体布局、“四个全面”战略布局，全面打响脱贫攻坚战。2013年，党中央提出精准扶贫理念，创新扶贫工作机制。2015年，党中央召开扶贫开发工作会议，提出实现脱贫攻坚目标的总体要求，实行扶持对象、项目安排、资金使用、措施到户、因村派人、脱贫成效“六个精准”，实行发展生产、易地搬迁、生态补偿、发展教育、社会保障兜底“五个一批”，发出打赢脱贫攻坚战的总攻令。2017年，党的十九大把精准脱贫作为三大攻坚战之一进行全面部署，锚定全面建成小康社会目标，聚力攻克深度贫困堡垒，决战决胜脱贫攻坚。历时8年决战脱贫攻坚，使占世界近1/5人口的中国彻底摆脱绝对贫困，实现人类减贫史上的伟大奇迹。脱贫攻坚的重大胜利，为实现第一个百年奋斗目标打下坚实基础，极大增强了人民群众获得感、幸福感、安全感，彻底改变了贫困地区的面貌，改善了生产生活条件，提高了群众生活质量，“两不愁三保障”全面实现。但当前，我国仍存在发展不平衡不充分的问题，减少各种形式的营养不良、保障食物安全、改善营养状况并巩固拓展脱贫攻坚成果的任务依然艰巨。

《减贫进程中的农户食物安全追踪研究》一书聚焦中国减贫事业食物不安全的重点区域、重点人群，凝聚长达9年的一手追踪调查资料和研究成果，用最鲜活翔实的证据描述了扶贫攻坚背景下，中国为减贫和消除营养不良做出的巨大努力和取得的成就。研究团队自2010年起赴陕西省的镇安县、洛南县，云南省的武定县、会泽县，贵州省的盘州市（2017年6月23日之前为盘县，下同）、正安县6个有典型意义的扶贫重点县，进行了长达9年的跟踪入户调研，系统跟踪了解贫困县农户的生产、生活、收入、支出、食物安全、冲击应对等情况以及变化，同时与省级、县级、村级各级干部和扶贫一线工作者详细访谈，关注每个县、每个村的地理条件、经济环境与政策支持，对农户所处的环境与食物安全和营养面临的制约条件与改善机遇进行了充分研究，贡献了一套样本量为5 474户456村的珍贵面板数据库，展现了一个真实、全面、具有时间跨度的贫困县农户食物安全与营养的故事。从本书中可以窥见中国减贫和食物营养安全改善工作的历程和宝贵的经验。

本书借助长期跟踪数据分析脱贫攻坚实践给西部贫困地区农户生产生活带来的实质改变。历时8年的脱贫攻坚，在政府的大规模减贫投入和大力支持下，对同一个地区或同一个农户的食物安全状况的变化轨迹及与其相关的家庭、经济、社会条件的变动进行记录描述，揭示了我国西部6个贫困县农户食物安全与营养改善的实况，这种精准的研究有助于总结脱离食物不安全的成功经验，探索影响食物不安全和营养不良的根本因素，找到对应方案。

本书以改善农户食物安全的路径为基本框架，聚焦中国扶贫攻坚实践给贫困县农户的生计策略、收入来源、生活生产环境带来的改变，以及这些改变对农户食物安全的影响。同时，除经济、政策层面的影响外，本书还从性别以及个人决策的角度，分析女性赋权、认知与习惯等社会心理因素对食物决策的影响，为改善贫困县农户的食物安全提供新的视角和方案。

全书由 4 个部分 13 章组成。第 1 章引言介绍了研究背景、研究框架及方法，由聂凤英、赵金璐、黄佳琦撰写。主体的第一篇聚焦减贫进程中扶贫投入与公共服务的改变：其中第 2 章扶贫投入由吕开宇、杨玉影、聂凤英撰写，第 3 章基础设施与公共服务由吕开宇、聂凤英撰写；第二篇是减贫进程中农户生计与食物安全状况的改变：其中第 4 章收入与支出由吕开宇、甘雨撰写，第 5 章食物安全、食物消费与营养由赵金璐、聂凤英、黄佳琦撰写；第三篇重在减贫进程中农户生计策略的改变：其中第 6 章农业生产由吕开宇、吴舒撰写，第 7 章外出务工由潘雪婷、聂凤英撰写；第四篇是减贫进程中农户食物安全与营养改善驱动力的实证研究：其中第 8 章政府转移性支付与欠发达地区农户食物消费由杨玉影、黄佳琦、聂凤英撰写，第 9 章农业生产对改善农户食物安全的贡献由吴舒、聂凤英撰写，第 10 章外出务工与农村留守家庭成员的食物消费由潘雪婷、黄佳琦、聂凤英撰写，第 11 章男性外出务工背景下的女性赋权与家庭成员蛋白质摄入由郝晶辉、王菲、黄佳琦撰写，第 12 章农户食物消费的社会心理因素由黄佳琦撰写；第 13 章为总结与建议，由聂凤英、黄佳琦撰写。

本书的研究发现依据科学抽样获得的一手农户多轮重访调查数据以及前沿理论和分析方法。希望相关研究发现能为巩固中国减贫事业成果提供有效参考，为不断改善农村欠发达地区农户的食物安全与营养状况提供有益借鉴。

目　　录

第二篇

减贫进程中农户生计与食物安全状况的改变

第三篇

减贫进程中农户生计策略的改变

第四篇

减贫进程中农户食物安全与营养改善驱动力的实证研究

1 引　　言

1.1 可持续发展目标下中国居民的食物安全与营养改善

世界各国尤其是发展中国家高度关注贫困与饥饿问题，无论是联合国千年发展目标还是可持续发展目标，都将消除贫困与饥饿作为首要发展目标。2018 年《全球粮食危机报告》指出，53 个国家共有超过 1.13 亿人经历了严重饥饿，而且全球营养不良率连续三年持续上升，营养不良每年给全球经济带来的损失高达数十亿美元（IFPRI，2019）。其中发展中国家的农村是贫困和营养不良人口聚集的地区。随着世界城市化进程加快，大多数欠发达地区正在偏离可持续发展的轨道（FAO et al.，2018）。因此，实现可持续发展目标中“消除贫困与饥饿”这个首要目标的关键在于改善农村贫困人口的生活和食物安全和营养状况（IFPRI，2019）。

除了饥饿问题以外，目前全世界有 6.9 亿人长期营养不良，近 30 亿人无法负担健康饮食，每年有 1 100 万人死于低质量的不健康饮食。尽管近年来人们提高营养意识，但在减少营养不良和实现可持续发展目标方面的进展仍然缓慢（UN，2019）。健康的饮食结构应包括多种食物，确保食物安全，并能满足人类所需的能量和其他营养物质（FAO，2020）。仅达到最低卡路里摄入量并不能单独解决或预防大多数营养不良现象，消费的食物质量和数量都很重要（FAO，2020）。营养丰富且安全的饮食是维持健康的根本，包括增强免疫系统和维护良好的健康状况，从而提高身体素质摆脱营养贫困陷阱（Herforth et al.，2019）。

中国在消除饥饿和贫困方面所取得的成就得到了全球的广泛认可，并显著推动了全球千年发展目标的实现。中国采取各种措施，不断改善食物安全状况，提高医疗卫生服务条件，做好扶贫开发等工作。2020 年年底，全国 832 个国家贫困县已经全部脱贫摘帽（金勇进 等，2021），中国农村贫困人口解决了“不愁吃”问题。全球减少的贫困人口中七成来自中国，全球摆脱饥饿的人口中 2/3 来自中国（FAO，2019）。

除此之外，中国与其他发展中国家相比居民营养状况改善成果突出。联合国粮农组织（FAO）营养不良发生率的统计数据，以及来自 UNICEF/WHO/World Bank 的 5 岁以下儿童消瘦、生长迟缓发生率三个指标能够综合反映一些发展中国家的营养安全状况。中国营养不足发生率自 2010 年以后就下降到了 2.5% 以下，远低于其他发展中国家（表 1-1）。在全球范围内，5 岁以下儿童中近 25% 长期营养不良，每年营养不良夺走约 300 万 5 岁以下儿童的生命。儿童营养不良的情况大多发生在低收入和中等收入国家，总体上各国的生长迟缓率都高于消瘦率；埃塞俄比亚、印度、印度尼西亚儿童生长迟缓问题严重，生长迟缓率高达 36% 以上。儿童消瘦问题最突出的国家是印度，消瘦率高达 20% 以上。中国 5 岁以下儿童消瘦、生长迟缓发生率分别由 1992—1997 年的 5.0%、31.2% 下降至 2010—2014 年的 2.3%、9.4%（表 1-2）。由此可以看出，与其他发展中国家相比，中国在改善营养不良方面做出了巨大的贡献，并且成效显著。

表 1-1　营养不足发生率（3 年平均值）　（单位：%）

年份	国家					
	中国	埃塞俄比亚	印度	印度尼西亚	墨西哥	泰国
2000—2002	10.6	47.1	18.6	19.3	3.3	17.4
2003—2005	8.6	39.2	22.2	19.1	4.6	13.7
2004—2006	7.9	37.2	21.7	19.3	4.5	12
2007—2009	5.1	33.9	16.7	17.4	4.5	10.7
2010—2012	＜2.5	30.1	16.3	10.5	4.6	9.9
2011—2013	＜2.5	29.9	16.3	9.3	4.3	9.4
2012—2014	＜2.5	27.5	15.9	8.9	4.1	9.1
2013—2015	＜2.5	24.8	15.3	9.3	4.6	8.8
2014—2016	＜2.5	21.5	14.7	9.3	5.6	8.6
2015—2017	＜2.5	20.6	14.4	9.2	6.4	8.6
2016—2018	＜2.5	19.9	14.2	8.9	6.7	8.9
2017—2019	＜2.5	19.7	14	9.0	7.1	9.3

数据来源：FAO Available on line: www.fao.org/faostat/zh/#data/FS。

表 1-2 部分发展中国家儿童营养不良情况

国家	类型	年份					
		1992—1997	1998—2000	2005—2006	2010—2012	2012—2015	2015—2016
墨西哥	消瘦率	8.5（1996）	2.0（1998）	2.0（2006）	1.6（2011）	1.0（2015）	2.0（2016）
	生长迟缓率	25.8	21.4	15.5	13.6	12.4	10.0
印度	消瘦率	18.4（1996）	17.1（1998）	20（2005）		15.1（2014）	20.8（2016）
	生长迟缓率	45.9	54.2	47.8		38.7	36.3
印度尼西亚	消瘦率	14.9（1995）	5.5（2000）	14.4（2005）	12.3（2010）	13.5（2013）	
	生长迟缓率	48.1	42.4	28.6	39.2	36.4	
泰国	消瘦率	6.7（1995）		4.7（2005）		6.7（2012）	5.4（2016）
	生长迟缓率	18.1		15.7		16.4	10.5
中国	消瘦率	5（1995）	2（2000）	2.9（2005）	2.3（2010）	1.9（2013）	
	生长迟缓率	31.2	17.8	11.7	9.4	8.1	
埃塞俄比亚	消瘦率	9.2（1992）	12.4（2000）	12.4（2005）	9.8（2010）	8.7（2013）	10.0（2016）
	生长迟缓率	66.9	57.6	50.4	44.4	40.4	38.4

数据来源：UNICEF/WHO/World Bank joint child malnutrition estimates (country level) 2020。https://data.unicef.org/resources/dataset/malnutrition-data/。

1.2 减贫进程中农村居民的食物安全与营养改善

2013—2018 年，中央对于扶贫资金的投入大幅度增长，6 年内专项扶贫资金投入达 2 822 亿元，年均增长 22.7%，并且财政专项扶贫资金规模将继续大幅度增加[①]。此外，2012 年以来，各地区各部门切实落实“五个一批”工程，扎实推进精准扶贫，增加投入，各方参与，因人因户施策，分别从以下四个方面改善贫困状况：一是促进农业发展，包括建设基本农田和农田水利、发展特色优势产

① 参见：《中国 40 年大规模减贫：推动力量与制度基础》，减贫研究数据库网站 https://www.jianpincn.com/zgjpsjk/zjgd/614820.html。

业。二是改善农民生活条件，包括建设道路、危房改造、保障用电与安全饮水等。三是提高教育、医疗卫生水平，发展公共文化。四是进一步提升农村社会保障和服务水平，包括最低生活保障制度、五保供养制度和临时救助制度以及新型农村社会养老保险制度的完善；在扶贫工作的大力推进下，农村贫困人口大幅减少，贫困发生率持续下降，贫困地区农村居民收入快速增长，生活消费水平大幅提高，生活条件和环境明显改善。

其中为实现 2020 年农村人口全部脱贫的目标，解决农村贫困人口因病致贫、因病返贫等问题，2016 年国务院发布的《"十三五"脱贫攻坚规划》将健康扶贫列为主要内容；随后政府多个部门又联合出台了旨在采取有效措施提升农村贫困人口医疗保障水平和贫困地区医疗卫生服务能力、全面提高农村贫困人口健康水平的健康扶贫工程（Cheng et al.，2018）。在该政策的指导下，健康扶贫逐渐成为扶贫的重点工作之一。贫困人口的食物安全和营养改善是提高健康水平的重要内容，这有助于健康扶贫工作的开展，提升农村贫困地区的人力资本质量（Ren et al.，2019）。2019 年发布的《国务院关于实施健康中国行动的意见》指出，预防是最经济有效的改善健康水平的策略，而营养改善则是实现预防目的最有效的干预措施。因此，营养改善有利于从根本上解决贫困问题，提升贫困人口的发展能力，从而为乡村振兴提供坚实的基础。

随着经济条件的改善，中国居民饮食结构趋向多样化。无论是城镇还是农村，食物消费都呈现出由单一的粮食与蔬菜的简单搭配转变为更多样化的饮食模式。人们对粮食和蔬菜的需求逐渐降低，而对猪牛羊肉类、禽类、水产品的需求增加（图 1-1 和图 1-2），这种转变体现出我国居民饮食结构的优化。当前的食物消费水平与资源匮乏、经济落后的 20 世纪 90 年代相比，已有了根本性的变化。城镇农村居民的人均粮食消费均有所下降，城镇居民由 1990 年的 130.7 千克下降至 2019 年的 110.3 千克；农村居民人均粮食消费量则从 1990 年的 262.1 千克下降到 154.8 千克，即使农民粮食消费量大幅下降但其均值仍高于城市居民，可能原因是相较于城镇农户需要粮食提供更多的热量，且其他种类食物的可及性不如城镇居民（Nie et al.，2016）。城镇居民的人均蔬菜消费量在呈下降趋势，而在 2013 年后相对稳定，农村居民的人均蔬菜消费量则呈现出显著的下降趋势。对于蔬菜消费量的减少，有研究认为，总量统计数据未能充分反映蔬菜品种结构优化这一因素。蔬菜由改革开放初期的类似于大白菜一类的大路菜渐渐在种植技术的发展和推广下，向精细化方向发展，同时反季节蔬菜供应增加，净菜发展，蔬菜的品质和利用率有较大提高，这一点统计数据未能反映出来。由图

1-2 可以看出，城乡居民人均食用植物油、猪牛羊肉、禽类、水产品消费量均呈现出上升趋势，且农村居民这几类食物人均消费量的上涨幅度大于城镇居民。其中上涨最为突出的是肉类的消费，从 1990 年到 2019 年，城乡人均禽类消费量分别增长了 233.3%、700.0%，其次为水产品的消费，分别增长 117.2%、350.7%。城乡猪肉消费量分别上涨 9.6%、91.7%。

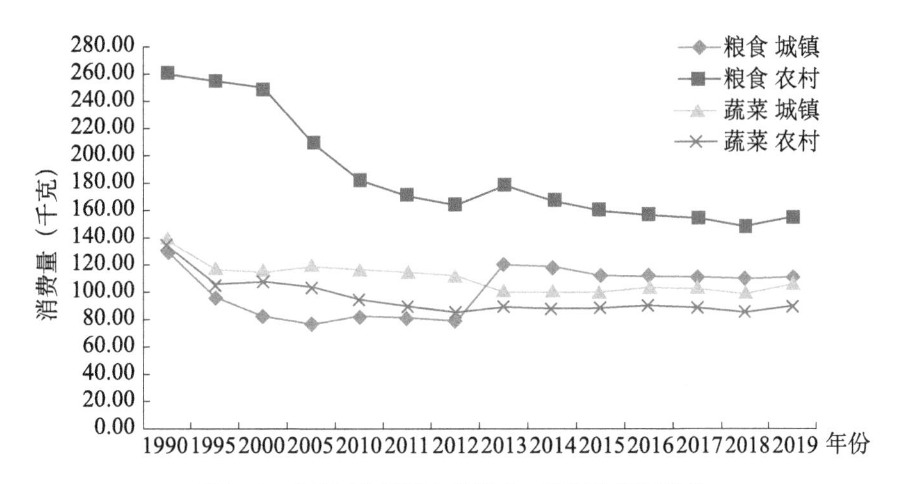

图1-1　中国城乡居民人均粮食、蔬菜消费量变化

（数据来源：中国统计年鉴 2020）

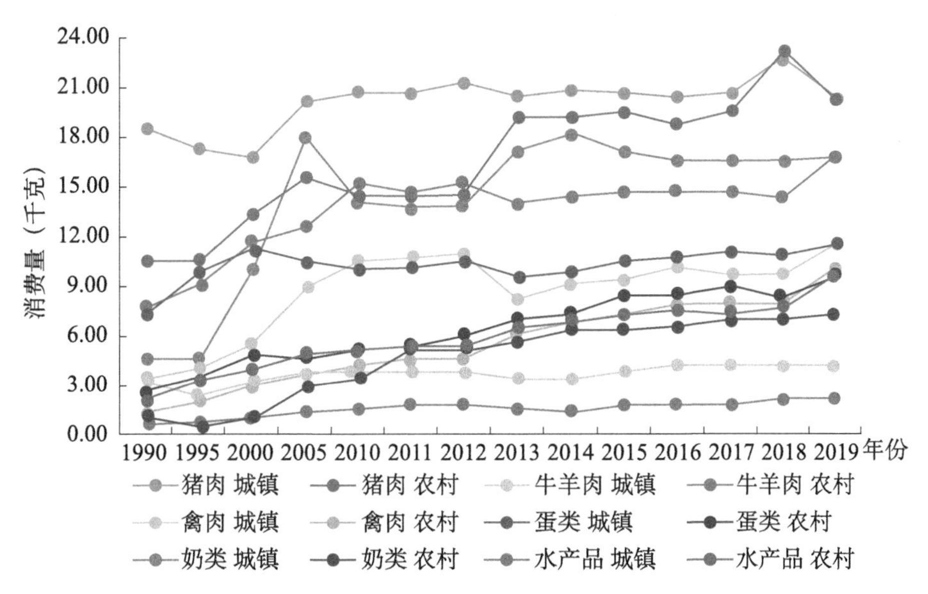

图1-2　中国城乡居民主要食物消费量变化

（数据来源：中国统计年鉴 2020）

与我国农村平均食物消费水平相比，贫困地区呈现出粮食消费高，水产品、蛋类、奶类消费低的特征，且对收入变化敏感。随着家庭收入的增加，主食比例会下降，这表明饮食模式发生了变化，谷物等低价值食物摄入量变少，转向动物源性食物和水果蔬菜等高价值食物（Gale et al.，2007；Zheng et al.，2012）。不同食物的需求弹性不同，谷物的收入弹性较低，但肉类、鱼虾类、奶类等动物性食物受收入影响较大（Lyu et al.，2015）。收入增加导致的食物消费模式发生了改变且低收入家庭最为明显，对于蔬菜、油脂、糖、肉、鱼、蛋等产品的消费，农村贫困人口的收入弹性大于中高收入居民（Huang et al.，2009；袁梦烨 等，2019）。郑志浩等（2012）发现中低收入者的收入增加会显著增加外出就餐和各类食物的消费量。

1.3 减贫进程中农村居民食物安全与营养改善的路径

政府投入与居民收入的增长。经典的消费理论均认为消费是收入的函数，正如凯恩斯绝对收入假说指出，收入与消费呈正相关关系，可支配收入增加才会使消费增加。随着减贫进程的不断推进，贫困人口可支配收入不断增加，多数研究认为收入对农户食物消费有显著正向影响（王兴稳 等，2012；朱晶，2003），朱晶（2003）对我国农村地区特别是贫困缺粮地区农民食品消费及其影响因素的研究发现，影响我国贫困农村地区农民粮食和食品安全保障的最主要因素是农民的收入水平，而扩大当地粮食种植比重、提高自给自足水平的政策选择不仅导致资源配置低效，而且不利于食物安全水平的提高。但有一些研究认为仅提高农户收入并不能真正地改善其食物安全与营养摄入（Bouis，1994；Just et al.，2010）。比如，随着收入增加，人们的食物消费需求趋向多样化（追求食物的口味、质量、外观等需求），有可能转向更昂贵但不一定有营养的食物（Dolgopolova et al.，2018）。因此有必要研究政府转移支付、居民收入增长对农户食物消费的实质性影响，从而为改善农户营养状况制定针对性政策。

农业生产的贡献。脱贫攻坚战略背景下我国正处于经济体制变革阶段，中国农村正经历转型，农业产业结构发生了调整。中国政府一直高度重视贫困地区的农业农村经济发展。随着农业技术进步的推动、政府政策的引导以及市场化程度的不断提高，农业生产结构从以粮食作物生产为主导的生存导向型，向以经济作物生产为主的市场导向型逐步转型（冯璐，2016）。农业生产结构的变化成为改善贫困地区营养状况一种重要方式，即加强多样化的生产来促进家庭食物安全和多样化饮食，从而改善营养状况。然而，农业生产多样化并不是提高饮食多样性的唯一途径，随着农业市场化程度和非农收入提高，农户购买食物能力不断提升，可能越来越倾向于从市场上购买食物，同样可以满足饮食多样化需求，市场购买正逐渐成为影响农户饮食多样性的重要途径（Sibhatu et al.，2018）。

外出务工。中国社会正经历着快速且史无前例的结构性变化，一系列有关工业化、市场化、城镇化和户籍制度改革的国家政策引发了大范围的人口转移，外出务工人员数量呈指数型增长（Wang et al.，2019）。外出务工是农户通过重新配置家庭劳动力要素以获得更高收入的重要途径。一些研究发现外出务工是提高农村居民食物消费水平和营养摄入水平的重要影响因素（Wang et al.，2019；余颖雅 等，2017），具体影响路径可以归纳为以下三点：第一，增收效应。外出务工促进了农户增收，进而放宽了家庭的预算约束和流动性约束，家庭潜在食物消费的数量与种类更加丰富，从而改善家庭食物消费和营养摄入（李雷 等，2019）。第二，消费示范效应。外出务工可促使农户家庭消费观念的改变，会不自觉地模仿城镇居民的消费方式与消费习惯（文洪星 等，2018），也会将营养健康知识和信息传递给留守的家庭成员（程晓宇 等，2017），进而影响农户家庭的食物消费结构。第三，对农业生产的挤出效应。外出务工减少了农户在农业生产上的劳动力配置（秦立建 等，2011），进而可能引发土地资源的再配置。外出务工对农户原来的自给自足的多样化农业生产构成冲击，在市场获取有限的情况下，原有的家庭食物消费结构和营养摄入可能也随之发生变化。此外，外出务工人员的营养状况关系到中国城市建设和国家发展，以改善营养为目标的政策应该多倾向于重点人群、重点地区（李国景 等，2018）。

女性赋权。一些研究发现，女性赋权的增加有助于家庭成员的食物和营养改善（Kassie et al.，2020）。相较于男性，女性更具有利他性，她们更多地将自己视为家庭中的一员而不是独立的个体。由于家庭成员的偏好差异，在家庭联合决策模型中，家庭成员通常需要通过博弈和协商决定家庭内部资源的配置（Hoddinott et al.，1995）。家庭食物消费决策是家庭决策的重要组成部分，受家庭内部权力结构影响（殷浩栋 等，2018）。在有限的家庭预算内，女性相较于男性更倾向于、也更注重营养健康领域的支出（Quisumbingand Maluccio，2003；吴晓瑜 等，2011）。女性如果被赋予更多的家庭决策权（即女性赋权），掌握更多的家庭资源配置权，可能会促使其家庭食物 营养消费支出提高。

社会心理因素。除了价格、收入、政策等经济因素之外，人们的态度、社会规范、行为控制、习惯等社会心理因素也深刻影响着食物消费决策（Levav et al.，2009）。然而，发展中国家的食物和营养研究多关注经济因素的影响，其他因素和角度的分析不足（Babu et al.，2016）。社会心理因素对食物消费的影响研究基本局限于发达国家的城市居民，鲜少运用于发展中国家，更少运用于农村居民。在社会心理模型分析框架下，往往把价格、收入等变量内化为消费者购买商品时心理决策过程中的因素。计划行为理论是最常用的社会心理模型，它可以很好地预测食物消费意向和行为（Milkman et al.，2009），且能够分辨出影响消费者选择某种食物或某种饮食方式的关键因素。例如，Heath 等（1996）发现对于消费者来说，“健康意识”对食物消费的影响微乎其微，食物的口感、味道则影响很大。它的政策含义是，一味地强化营养教育对改善居民食物消费可能是低效的甚至是无效的。分析社会心理因素对食物消费的影响有助于获得更广泛的营养改善方案。

1.4 研究框架与方法

1.4.1 研究框架

本书以改善农户食物安全的路径为基本框架，注重中国扶贫攻坚实践给贫困县农户的收入、收入来源、生活生产环境带来的改变，及农户食物安全的影响因素，为改善贫困县农户的食物安全提供新的角度和方案。全书主体共分为四大部分：第 2～3 章为脱贫攻坚背景下扶贫投入与贫困地区公共服务的变化（第一篇），第 4～5 章是脱贫攻坚背景下农户生计、食物安全、食物消费与营养的变化（第二篇），第 6～7 章是脱贫攻坚背景下农户生计策略的变化（第三篇），第 8～12 章针对政府转移支付、农业生产、外出务工、女性赋权及社会心理等驱动因素对食物消费及营养改善的影响进行实证分析（第四篇）。详见图 1-3。

具体章节内容为：第 1 章是引言，主要介绍了研究的背景、框架和方法；第 2 章描述了大规模减贫和政府的投入支持下给样本村和样本农户带来的影响；第 3 章是扶贫投入给农民生活带来的改善，包括教育、卫生医疗、安全饮水、建设道路和市场连接等的变化；第 4 章从农户生计角度描述减贫进程中的改变包括农户收入、支出等；第 5 章重点研究了农户食物安全状况多年变动的轨迹，分析了农户的食物消费及营养状况的变化；第 6 章描述扶贫投入给样本村、样本农户农业生产结构带来的变化；第 7 章描述了脱贫攻坚背景下国家、地区以及样本村、样本农户外出务工的变化。

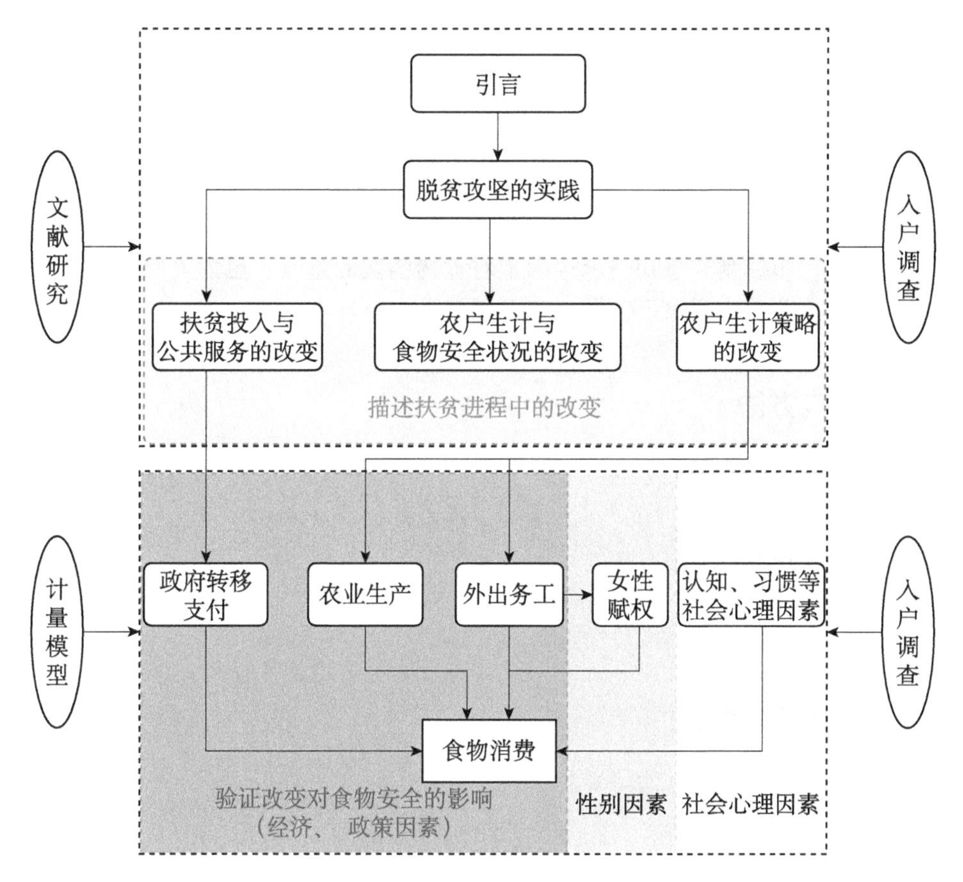

图1-3　研究框架

在大规模的减贫投入和大力度的政府支持下，很多农户的生计策略、收入来源、生活生产环境发生了变化。而这些变化会给农户的食物消费与营养带来怎样的影响呢？第一，农业生产结构和规模可能因“产业扶贫”而变化，农业收入水平、食物消费中来自自产和购买的结构、食物消费的多样性与其可持续性可能发生变化。第二，劳动力转移可能因“就业扶贫”而变化，农村青壮年劳动力转移到城市一方面可能会增加留守农村居民的转移性收入，增强食物购买力；另一方面，劳动力转移带来的留村家庭成员减少可能导致留村居民的膳食模式简化，对食物安全带来负面影响。第三，政府现金转移支付类别和幅度因“社会保障兜底一批”“生态补偿脱贫一批”等政策双双增加，然而，这部分现金转移支付究竟有没有被贫困县农户用于食物消费的改善？为了解释上述问题，第 8 章回答了不同类型的政府转移支付对农户食物消费的影响机制。第 9～11 章则聚焦农户生计策略的变化对食物消费的影响。第 9 章研究农业生产和市场便利化分析对农户饮食多样化的影响，第 10 章探讨了外出务工对家庭不同食物消费的影响，第 11 章则是进一步引入性别角度，分析在男性大规模外出务工的背景下，女性赋权的变化及其对家庭成员蛋白质摄入的影响。农户的食物消费决策不仅仅受经济因素的影响，态度、社会规范、习惯等社会心理因素都会影响人们的食物消费决策，因此第 12 章从消费决策者的社会和心理因素出发，探讨个人饮食习惯、态度、社会规范、行为控制、感知需求等因素对食物消费的影响，也为欠发达地区农户的食物消费和营养改善提供了新的研究视角。

1.4.2 研究方法

1.4.2.1 文献研究

通过文献研究的方法，梳理可持续发展目标和脱贫攻坚背景下食物消费与营养相关研究现状及成果，掌握相关的经济理论和分析方法，为本研究实证分析奠定理论基础。

1.4.2.2 抽样入户调查

研究中的涉及到现状与变化描述以及实证研究都基于长达 9 年的 4 轮农户追踪调查。

抽样方法

研究中样本县的选择基于《中国食物安全状况研究》的研究结论。该研究利用县级统计数据对 592 个贫困县的食物安全状况进行了分析，主要从贫困县的食物供给能力、食物的可获得性、食物利用条件、食物消费和营养以及食物供给的脆弱性等方面进行研究，将592个贫困县划分为三种类型[①]，其中食物最不安全的贫困县有 271 个，人口约 9 100 万，占全国总人口的 7.3%。6 个样本县从该 271 个食物安全状况最差贫困县中选出，选择时兼顾合作意愿和合作基础，以及相关数据的可获取性。6 个样本县分别为陕西省的镇安县和洛南县、云南省的武定县和会泽县、贵州省的盘州和正安县。其中，5 个样本县位于集中连片特困地区：陕西省的洛南县、镇安县属秦巴山区，云南省的武定县、会泽县属乌蒙山区，贵州省的正安县属武陵山区。

① 食物最不安全组、食物临界不安全组、食物安全组。详细的分组方法请参看：肖运来，聂凤英. 2010. 中国食物安全状况研究［M］. 北京：中国农业科学技术出版社。

样本量根据标准的样本量计算公式确定，村级和农户采用两阶段抽样法进行抽样。由于本研究旨在分析 6 个县的食物安全状况，确定各县食物不安全人口比重。抽样的总体是 6 个县的全部农户，农户是调查的基本单元。样本量计算公式如下：

$$n = DEFF \times \frac{(Z_{\alpha/2})^2 \times [p \times (1-p)]}{d^2}$$

式中，n 代表计算的样本量；$DEFF$ 为设计效应（Design effect，简称 DEEF）；Z 为临界值；α 为显著性水平；1－α 为置信水平；p 为估计的食物不安全水平相关度；d 为精度。考虑到部分农户可能无法参与或完成一份有效问卷，这里假设调查的有效回应率为 90%。因此各县有 10% 的过度抽样。其他参数包括：置信水平 1－α =95%，估计的食物不安全水平相关度 p=50%，精度 d=10%，设计效应 $DEFF$=2。此时各县样本量为 214 个农户，按照前期调查经验，在每县抽取 19 个村，每村抽 12 个农户，得到每县实际调查样本量为 228 农户，6 个县总样本量等于 1 368 农户。

第一阶段，采用按照人口加权的抽样方法（Population Proportionate Sampling，简称 PPS）按照每个县各村人口数抽取 19 个村，人口越多的村抽到的概率越大。第二阶段，采用随机抽样的方法，在每个样本村中随机抽取 12 个农户。这样，每个县抽取 19 个村 228 户，6 个县共抽取 114 个村 1 368 户。

第一轮调查开展于 2010 年，之后分别在 2012 年、2015 年、2018 年对同样的村、同样的农户做了追踪调查。每轮调查获得有效农户样本 1 368 个，样本重访率为 66.7%，共计 5 472 个观察值。每轮调查获得有效村级样本 114 个，共计 456 个观察值。

问卷调查

数据收集采用问卷调查法，包括农户问卷调查和村级问卷调查两套问卷。农户问卷调查的内容包括：家庭基本情况、教育、外出务工和汇款、住房和生产条件、家庭财产与财务状况、农业、生计、支出、食物来源和消费以及冲击和应对策略。村级问卷主要是为了了解各村的基本情况，如村人口规模、外出人口、主要农作物的生产和销售情况、基础设施及服务情况等。在 2012 年、2015 年、2018 年进行的第二、三、四轮调研根据新的研究目标在农户问卷中细化、增加了一些问题。例如，2012 年的问卷细化了各项收入来源和具体金额，补充了各类食物的消费量、购买量、购买价格；2015 年的问卷细化了食物消费的种类，增加了妇女赋权、扶贫项目的相关问题；2018 年增加了农产品电子商务，网络销售的相关问题。

焦点访谈

为深入了解每个村的发展特征和面临的问题，在每个调研村召集 5～6 人进行焦点访谈，参加访谈的人包括村干部、会计、妇女代表、农民代表、教师或医生。通过焦点访谈获得的信息包括：教育、医疗等社会服务的水平、基础设施、市场状况、发展中面临的困难、农业生产中信息的应用、参与扶贫项目的情况和满意度等。

数据质量控制

在多年的调研工作的基础上，研究团队探索总结的"三阶段五轮检查法"的数据检查制度，确保了数据质量，保证数据的完整性、真实性、有效性。

"三阶段"是指将数据调查分为三个阶段，即实地调查阶段、数据录入前阶段和数据清洗阶段。"五轮检查法"是运用在"实地调查阶段"的检查方法，是在调研地必须完成的检查过程，具体包括：第一，每个调查员在离开调查农户前要确保问卷已填写完成，且没有遗留问题；第二，组长在离开调研村前对每个调查员负责的问卷进行检查，确保问卷的完整性；第三，每个调查员进一步对自己负责的问卷进行逻辑检查；第四，组长组织调查员对本组的问卷进行交叉检查；第五，组与组之间交换问卷进行组间检查。

数据录入前阶段，研究团队需要再一次对全部纸质问卷进行检查，查看有无遗漏和逻辑错误，如果有，则联系调查员进行核对和修改。如果调查员无法修正错误，则通过问卷中记录的农户联系方式，电话回访被调查农户，改正错误。

数据清洗阶段是指原始数据录入到数据库后，研究人员运用 STATA、SPSS 等数据分析软件对调查数据进行逻辑检查、缺失检查、异常值检查等数据清洗工作。

1.4.2.3 计量分析

计量分析主要运用于本书第四篇各章的实证研究中。具体来说，主要运用多元回归的方法分析不同类型的政府现金转移支付对不同食物边际消费倾向的影响（详见第 8 章）；分析农业生产对农户饮食多样性影响方面，采用了双向固定效应模型（FE-TW）同时采用结构模型进一步来解释农业生产与饮食多样化之间的内在关系（详见第 9 章）；在分析外出务工对农户食物消费时，采用面板双向固定效应模型分析外出务工对留守家庭食物支出和消费量的影响，同时运用倾向匹配得分（PSM）的方法避免外出务工内生性（详见第10章）；在计划行为理论（TPB）框架下分析认知需求和习惯在预测食物消费中的作用，采用结构方程模型方法对构造之间的关系进行检验，分别对肉类、蛋类、乳制品、鱼类和水果五类食物的消费决策进行了研究（详见第11章）。

参考文献

程晓宇，张莉，聂凤英，等，2017. 贫困县农户食物安全动态变化影响因素研究[J]. 中国食物与营养（1）.

冯璐，2016. 农业生产结构由生存型向市场型的转型研究[D]. 武汉：华中农业大学.

金勇进，刘晓宇，2021. 脱贫攻坚抽样设计中的若干问题研究[J]. 统计理论与实践（11）：8-13.

李国景，陈永福，杨春华，2018. 收入增长、户籍地差异与营养消费：基于进城农民工家庭的研究[J]. 农业技术经济，1（1）：1-15.

李雷，白军飞，张彩萍，2019. 外出务工促进农村留守人员肉类消费了吗：基于河南、四川、安徽和江西四省的实证分析[J]. 农业技术经济（9）：27-37.

秦立建，张妮妮，蒋中一，2011. 土地细碎化、劳动力转移与中国农户粮食生产：基于安徽省的调查[J]. 农业技术经济（11）：16-23.

王兴稳，樊胜根，陈志钢，等，2012 . 中国西南贫困山区农户食物安全、健康与公共政策：基于贵州普定县的调查[J]. 中国农村经济（1）：43-55.

文洪星，韩青，2018. 非农就业如何影响农村居民家庭消费：基于总量与结构视角[J]. 中国农村观察（3）：91-109.

吴晓瑜，李力行，2011. 母以子贵：性别偏好与妇女的家庭地位：来自中国营养健康调查的证据[J]. 经济学（季刊）（3）.

殷浩栋，毋亚男，汪三贵，等，2018. “母凭子贵”：子女性别对贫困地区农村妇女家庭决策权的影响[J]. 中国农村经济（1）.

余颖雅，毕洁颖，黄佳琦，等，2017. 食物安全测量指标比较与影响因素分析[J]. 中国农业大学学报（10）.

袁梦烨，李晓云，黄玛兰，2019. 湖北省城乡居民营养收入弹性分析：粮食性食物消费与营养变化[J]. 农村经济与科技，30（11）：144-149.

郑志浩，赵殷钰，2012. 收入分布变化对中国城镇居民家庭在外食物消费的影响[J]. 中国农村经济（7）：40-50.

朱晶，2003. 贫困缺粮地区的粮食消费和食品安全[J]. 经济学（季刊），2（3）：701-710.

Airin Rahman 安然，2019. 小额信贷计划对农村生计发展，妇女赋权和农民风险管理的影响[D]. 咸阳：西北农林科技大学.

BOUISH E, 1994. The effect of income on demand for food in poor countries: Are our food consumption databases giving us reliable estimates?[J]Journal of Development Economics, 44（1）: 199-226.

BABU S, GAJANAN, S N, HALLAM J A, 2016. Nutrition Economics: Principles and Policy Applications [M]. Cambridge, USA: Academic Press: 29.

CHENG X, SHUAI C, WANG J, et al., 2018. Building a sustainable development model for China's poverty-stricken reservoir regions based on system dynamics[J]. Journal of Cleaner Production,176:535-554.

DOLGOPOLOVA I, TEUBER R, 2018. Consumers' Willingness to Pay for Health Benefits in Food Products: A Meta-Analysis[J]. Applied Economic Perspectives and Policy, 40（2）: 333-352.

FAO, 2020. In Brief to The State of Food Security and Nutrition in the World 2020. Transforming food systems for affordable healthy diets. Rome, FAO.

FAO, 2019. In Brief to The State of Food Security and Nutrition in the World 2019. Rome, FAO.

FAO, IFAD, UNICEF, et al., 2018. The State of Food Security and Nutrition in the World 2018: Building Climate Resilience for Food Security and Nutrition. Rome, FAO.

GALE F, HUANG K, 2007. Demand for Food Quantity and Quality in China[J/OL]. Quality（32）: 69-115.

HEATH C, SOLL J B, 1996. Mental budgeting and consumer decisions[J]. Journal of Consumer Research, 2（3）: 40-52.

HERFORTH A, ARIMOND M, ÁLVAREZ-SÁNCHEZ C, et al., 2019. A Global Review of Food-Based Dietary Guidelines[J]. Advances in Nutrition,10（4）: 590-605.

HUANG K S, GALE F, 2009. Food Demand in China: Income, Quality, and Nutrient Effects[J]. China Agricultural Economic Review, 1（4）: 395-409.

Hoddinott, J, L. Haddad, 1995. Does Female Income Share Influence Household Expenditures-Evidence From Côte d'Ivoire[J], Oxford Bulletin of Economics and Statistics, 57（1）: 77-96.

IFPRI, 2019. Global food policy report. 2019. Washington, DC: International Food Policy Research Institute（IFPRI）.

JUST D, VILLA K, BARRETT C, 2010. Differential Nutritional Responses across Various Income Sources Among East African Pastoralists: Intrahousehold Effects, Missing Markets and Mental Accounting[J]. Journal of African Economies, 20: 341-375.

KASSIE M, FISHER M, MURICHO G, et al., 2020. Women's Empowerment Boosts the Gains in Dietary Diversity from Agricultural Technology Adoption in Rural Kenya[J/

OL]. Food Policy, 95 (July) : 101957.

LEVAV J, MCGRAW A P, 2009. Emotional accounting: how feelings about money influence consumer choice [J]. Journal of Markeing Research, 46: 66-80.

LYU K, ZHANG X, XING L, et al., 2015. Impact of Rising Food Prices on Food Consumption and Nutrition of China's Rural Poor [C]. International Conference of Agricultural Economists: 1-27.

MILKMAN K L, BESHEARS J, 2009. Mental accounting and small windfalls: Evidence from an online grocer [J]. Journal of Economic Behavior & Organization, 7 (1) : 384-394.

NIE P, SOUSA P A, 2016. A fresh look at calorie-income elasticities in China [J]. China Agricultural Economic Review,8 (1) : 55-80.

QUISUMBING A R, J A MALUCCIO, 2003, Resources at Marriage and Intrahousehold Allocation: Evidence from Bangladesh, Ethiopia, Indonesia, and South Africa [J]. Oxford Bulletin of Economics and Statistics, 65 (3) : 283-327.

REN Y J, CAMPOS B C, LOY J, et al., 2019. Low-income and overweight in China : Evidence from a life-course utility model [J]. Journal of Integrative Agriculture, 18 (8) : 1753-1767.

SIBHATU K T , QAIM M, 2018. Farm production diversity and dietary quality: linkages and measurement issues [J]. Food Security, 10 (1) : 47-59.

UN, 2019. Global Sustainable Development Report 2019: The Future Is Now—Science for Achieving Sustainable Development [R]. New York, UN.

WANG X Q, DING H, XU C T, 2019. Food availability and dietary diversity analysis of residents in the context of urbanization [J]. International Journal of Engineering and Management Research (71473123) : 15-19.

ZHENG Z, HENNEBERRY S R, 2012. Estimating the impacts of rising food prices on nutrient intake in urban China [J]. China Economic Review, 23 (4) : 1090-1103.

第一篇

减贫进程中扶贫投入与公共服务的改变

2 扶贫投入

近年来，财政专项扶贫资金力度不断加大。中央财政安排专项扶贫资金年均增长 20% 以上，2013—2018 年，中央财政专项扶贫资金从 394 亿元增加到 1 061 亿元，累计投入 3 883 亿元，2018 年全年投入达到 1 061 亿元，增幅最大①。全国省级财政专项扶贫资金年均增长 30% 以上，市县财政专项扶贫资金也大幅增长，省市县财政专项扶贫资金 2018 年已超过 1 000 亿元。金融资金、社会资金成为新的重要渠道，易地扶贫搬迁专项贷款、扶贫小额贷款不断增加，证券业、保险业、土地政策支持力度也不断加大。"十三五"期间，发放易地扶贫搬迁专项贷款超过 3 500 亿元。截至 2017 年 6 月底，扶贫小额信贷累计发放 3 381 亿元，共支持了 855 万贫困户，贫困户获贷率由 2014 年年底的 2% 提高到 2016 年年底的 29%。2018 年，新增扶贫小额贷款 1 000 多亿元②。

2.1 政府扶贫投入

农业投资力度较大，基础设施建设、易地扶贫搬迁增速快（表 2-1）。从投资类型看，农业占扶贫投资的比重始终在 10.0% 左右。此外，村通公路、危房改造、农村中小学建设占扶贫投资的比重较高，2016 年，三类投入占扶贫投资的比重分别达到了 10.3%、6.5%、7.3%。易地扶贫搬迁增速最快，易地扶贫搬迁占扶贫投资的比重从 2012 年的 4.6% 增长到 2018 年的 17.1%，居各类扶贫投资之首，体现出国家对于住房安全的重视程度。

---

① 国务院关于脱贫攻坚工作情况的报告 http://www.npc.gov.cn/npc/c12435/201708/0bf9704c18484ec4bb6921e85c674978.shtml。

② 全国人民代表大会常务委员会专题调研组关于脱贫攻坚工作情况的调研报告 http://www.npc.gov.cn/npc/c30834/201902/2fa7dac1e49f4a458c08314e0a7c8fb5.shtml。

表 2-1　2012—2016 年扶贫资金投向变化情况　（单位：%）

指标	2012 年	2013 年	2014 年	2015 年	2016 年
农业占扶贫投资的比重	8.9	10.0	9.2	9.1	8.9
林业占扶贫投资的比重	6.4	5.7	4.9	5.4	3.8
畜牧业占扶贫投资的比重	5.5	6.4	5.3	5.4	6.0
农产品加工业占扶贫投资的比重	2.5	2.6	1.6	1.4	0.8
农村饮水安全工程占扶贫投资的比重	2.7	2.7	2.7	2.7	2.0
小型农田水利及农村水电占扶贫投资的比重	3.3	4.0	4.1	2.6	2.2
病险水库除险加固占扶贫投资的比重	2.2	1.4	0.9	0.8	0.5
村通公路（通畅、通达工程等）占扶贫投资的比重	9.4	11.0	12.8	14.6	10.3
农网完善及无电地区电力设施建设占扶贫投资的比重	3.6	2.5	3.0	3.4	2.8
村村通电话、互联网覆盖等农村信息化建设占扶贫投资的比重	1.2	1.1	0.9	1.8	1.2
农村沼气等清洁能源建设占扶贫投资的比重	0.9	0.6	0.4	0.3	0.3
农村危房改造占扶贫投资的比重	9.3	9.0	7.7	7.6	6.5
乡卫生院、村卫生站（室）建设及设施占扶贫投资的比重	1.3	1.4	1.2	1.1	0.8
卫生技术人员培训占扶贫投资的比重	0.1	0.1	0.1	0.1	0.1
劳动力职业技能培训占扶贫投资的比重	0.8	1.1	0.8	0.6	0.5
易地扶贫搬迁占扶贫投资的比重	4.6	4.8	5.5	4.6	17.1
农村中小学建设占扶贫投资的比重	10.6	11.6	11.3	10.0	7.3
农村中小学营养餐计划占扶贫投资的比重	7.6	5.9	5.2	4.5	3.5
其他占扶贫投资的比重	19.0	18.3	22.5	24.2	25.4

数据来源：国家统计局 中国统计出版社《中国农村贫困监测调查》（2013—2017）http://www.stats.gov.cn/tjsj/tjcbw/201806/t20180612_1604128.html。

政府对于农户的现金转移性支付主要包括政府补贴和政府津贴两部分。其中，政府补贴的目的是充分调动和保护农民生产积极性，包括生产补贴、退耕还林补贴、紧急援助等各项补贴，其政策具有一定的普惠性、稳定性；对于农户而言，政府津贴的目的更多在于保护弱势群体福利，保障生活质量，包括养老金、低保、残疾人补助金等各项津贴，其政策具有一定的指向性和精准性。

农村低保资金总体呈上升趋势（图 2-1）。农村低保即农村居民最低生活保障，是中国政府针对家庭年人均纯收入低于当地最低生活保障标准的农村居民推出的生活保障制度。2010—2018 年，农村低保资金从 445.0 亿元增长到 1 056.9 亿元，2016 年，农村低保资金首次突破 1 000 亿元，达到 1 014.5 亿元。在此扶持下，低保对象从 2010 年的 5 214.0 万人减少到 3 519.1 万人，减少了 1 694.9 万人。

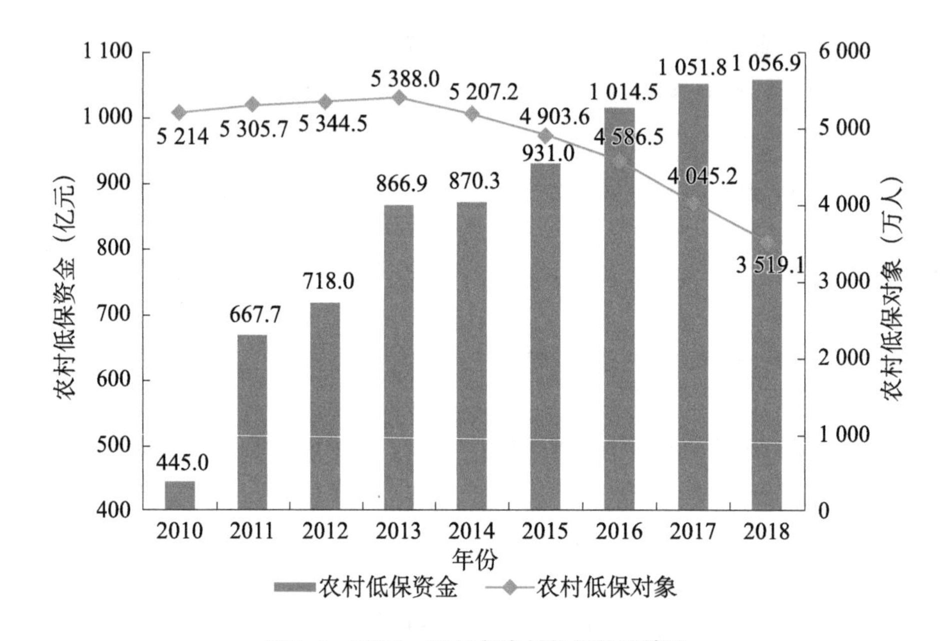

图2-1　2010—2018年农村低保补助情况

［数据来源：民政部《中国民政事业发展统计公报》,（2010—2018 年）。
http://www.mca.gov.cn/article/sj/tjgb/］

农村低保平均标准不断提高（图 2-2、图 2-3）。2010—2018 年，农村低保平均标准从 1 404 元 /（人·年）提高到 4 833.4 元 /（人·年），增加 3 429.4 元 /（人·年），且增幅呈现逐年扩大的趋势。

农村特困人员救助供养资金稳定增多（图 2-3）。特困人员一般指无劳动能力、无生活来源且无法定赡养、抚养、扶养义务人，或者其法定赡养、抚养、扶养义务人无赡养、抚养、抚养能力的老年人、残疾人以及未满 16 周岁的未成年人。一般而言，农村特困人员又特指“五保户”。2010—2018 年，农村特困人员救助供养资金逐年增多，2010—2018 年，增加了 208.9 亿元；农村特困人员数目减少了 101.3 万人，相比农村低保，变动幅度不大。

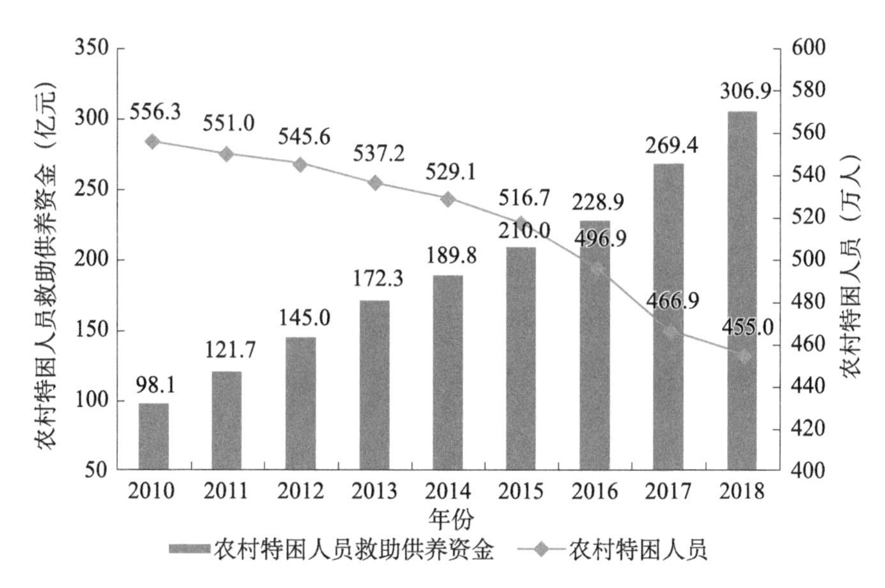

图2-2　2010—2018年农村低保平均标准

［数据来源：民政部《中国民政事业发展统计公报》，（2010—2018 年）http://www.mca.gov.cn/article/sj/tjgb/］

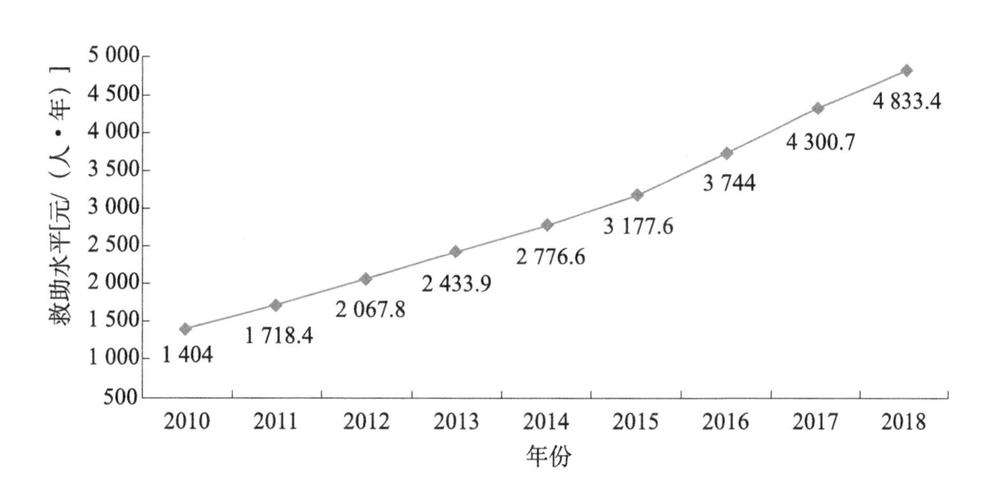

图2-3　农村特困人员基本生活救助情况

（数据来源：民政部 http://www.mca.gov.cn/article/sj/tjgb/）

老年人福利逐年增长。2010 年，中央大力度推荐基本养老服务体系建设试点工作，试点范围从 5 个省扩大到 12 个省份，中央下达试点资金 3 亿元，支持建设 126 个试点项目。高龄老人补贴制度在 7 个省份全面建立。2010—2018 年，老年人福利全面推开，截至 2018 年年底，全国 60 周岁及以上老年人口 24 949 万人，占总人口的 17.9%，其中 65 周岁及以上老年人口 16 658.0 万人，占总人口的

11.9%。享受高龄补贴的老年人 2 972.3 万人，享受护理补贴的老年人 74.8 万人，享受养老服务补贴的老年人 521.7 万人，享受其他老龄补贴的老年人 3.0 万人。

2.2 样本村的扶贫政策受益情况

本部分将从村级公共服务、居住条件改善和扶贫产业发展三个方面对扶贫投入变化进行考察，并将村级公共服务细化为“雨露计划”、教育优惠政策和大病救助三方面内容；将居住条件改善细化为安居工程、易地搬迁和整村推进三方面内容；将扶贫产业发展细化为特色产业发展、电商扶贫和光伏发电扶贫三个方面，从时间维度和空间维度对样本村扶贫投入变化加以分析。

2.2.1 “雨露计划”

实施“雨露计划”的样本村比重增加明显，“雨露计划”受益户数逐年攀升（表 2-2）。“雨露计划”在提高贫困人口素质，持续性增加贫困人口收入，实现扶贫开发和贫困地区长期可持续发展等方面发挥了重要作用。2013—2015 年，实施“雨露计划”的样本村占比为 43.8%，而到了 2016—2018 年，实施“雨露计划”的村占比已经增加到 63.8%。“雨露计划”的村均受益户数从 2013 年的 201.6 户攀升到 2018 年的 270.9 户，受益贫困户数增加明显。

表 2-2　2013—2018 年样本村“雨露计划”受益情况

县名	2013—2015 年雨露计划受益情况			2016—2018 年雨露计划受益情况		
	受益村比重（%）	村受益农户均值（户）	标准差	受益村比重（%）	村受益农户均值（户）	标准差
样本 6 县	43.8	201.6	307.0	63.8	270.9	485.1
贵州盘州	33.3	376.8	578.8	83.3	123.3	113.8
贵州正安	66.7	37.2	44.2	66.7	136.2	201.1
云南武定	23.5	244.3	159.4	58.8	456.5	384.9
云南会泽	37.5	226.2	291.7	68.8	165.9	221.5
陕西镇安	50.0	344.9	356.1	50.0	590.6	1 148.9
陕西洛南	50.0	125.4	184.2	55.6	296.1	255.6

数据来源：根据调研数据整理。

分地区来看，贵州盘州市、云南武定县和云南会泽县的“雨露计划”受益村比重增幅较快，受益样本村占本县样本村比重分别从2013—2015年的33.3%、23.5%和37.5%增长到2016—2018年的83.3%、58.8%和68.8%。贵州正安县、陕西镇安县和陕西洛南县受益村比重在期初（2013—2015年）相对较高，期末受益村覆盖比重变化不大；但样本村平均受益农户数量明显增加，三个县样本村中村平均受益农户数分别由期初（2013—2015年）的37.2户、344.9户、125.4户增加到期末（2016—2018年）的136.2户、590.6户、296.1户。详见表2-2。

2.2.2 教育优惠政策

随着贫困户退出和贫困户家庭适龄儿童的减少，执行教育优惠政策的村比重下降明显，村均教育优惠政策的受益户数逐渐减少（表2-3）。教育优惠政策增加了贫困地区适龄儿童的上学机会，让更多的贫困地区孩子接受良好教育，是阻断贫困代际传递的重要途径。本次调研教育优惠政策主要包括免学杂费、提供营养餐和贫困生生活补助，教育优惠政策对扶贫开发起到了积极的作用。从样本村数据来看，执行教育优惠政策的样本村比重从2013—2015年的93.3%下降到了2016—2018年的82.9%，村均教育优惠政策受益户数也从2013—2015年的1 568.2户下降到2016—2018年的1 354.5户。同时，样本的标准差极大，说明在样本县内部，村均教育优惠政策受益户数差异也较大。

分省来看，贵州省的执行教育优惠政策的村比重和村均受益户数都显著下降；陕西省的执行教育优惠政策的村比重虽没有变化，但是村均受益户数都显著下降。从侧面可以看出，贵州省和陕西省有适龄儿童贫困户退出和贫困户适龄儿童减少幅度较为明显；云南武定县教育优惠受益村的比例有所下降，但样本村受益的平均户数不断上升，从期初的909.4户增加到期末的1 214.5户。详见表2-3。

表2-3 2013—2018年样本村教育优惠政策受益情况

县名	2013—2015年教育优惠受益情况			2016—2018年教育优惠受益情况		
	受益村比重（%）	村受益户均值（户）	标准差	受益村比重（%）	村受益户均值（户）	标准差
样本6县	93.3	1 568.2	1 475.8	82.9	1 354.5	1 553.9
贵州盘州	94.4	2 202.8	1 969.6	72.2	1 607.1	1 748.6

续表

县名	2013—2015 年教育优惠受益情况			2016—2018 年教育优惠受益情况		
	受益村比重（%）	村受益户均值（户）	标准差	受益村比重（%）	村受益户均值（户）	标准差
贵州正安	94.4	2 071.0	1 666.3	72.2	2 564.8	2 550.8
云南武定	88.2	909.4	668.7	82.4	1 214.5	1 151.2
云南会泽	93.8	2 209.1	1 640.9	81.3	1 326.8	1 421.5
陕西镇安	94.4	940.7	581.3	94.4	807.3	960.3
陕西洛南	94.4	1 074.1	1 138.6	94.4	919.6	716.0

数据来源：根据调研数据整理。

2.2.3 大病救助

有大病救助的村比重增加较为明显，村均受益户数的增长较为显著（表 2-4）。“因病致贫，因病返贫”是当前贫困人口中较为普遍的根本原因之一，解决“因病致贫、因病返贫”是决胜精准扶贫工作的重中之重，而大病救助在减贫方面发挥了极大的作用，成为精准扶贫的重要抓手。从村级样本数据来看，受到大病救助政策救助的样本村比重从 2013—2015 年的 68.6% 提高到了 2016—2018 年的 78.1%；但是总体上，受救助样本村的比重仍然不高。村均大病救助受益户数也从 2013—2015 年的 74.8 户显著增加为 2016—2018 年的 103.5 户。

分地区来看，云南省和陕西省有大病救助政策的样本村比重和受益农户数增加幅度相对较高。其中云南武定县与会泽县受益样本村比重增幅明显，而且村内受益农户均值增幅较大；陕西洛南县样本村受益农户均值由期初的 139.3 户增长到期末的 177.7 户。贵州盘州市受益样本村比重和村内受益农户数均小幅增长，贵州正安县的受益样本村比重没有增长，而且村内受益农户数出现了大幅下降。此外，样本之间的大病救助受益户数村均值标准差较大，可见，在县内部由于贫困户健康状况不同，村均大病救助的受益户数差异也较大。详见表 2-4。

表 2-4　2013—2018 年样本村大病救助受益情况

县名	2013—2015 年大病救助受益情况			2016—2018 年大病救助受益情况		
	受益村比重（%）	村受益户均值（户）	标准差	受益村比重（%）	村受益户均值（户）	标准差
样本 6 县	68.6	74.8	153.1	78.1	103.5	218.8
贵州盘州	72.2	48.8	55.0	77.8	50.1	87.2
贵州正安	83.3	104.9	163.5	83.3	73.0	78.2
云南武定	52.9	69.4	55.7	70.6	201.7	375.8
云南会泽	68.8	48.3	85.6	75.0	100.4	115.7
陕西镇安	72.2	37.7	43.0	77.8	28.4	33.8
陕西洛南	61.1	139.3	322.4	83.3	177.7	343.1

数据来源：根据调研数据整理。

2.2.4　安居工程

实施安居工程的村比重大幅增加，大部分村的安居工程受益户数显著增加（表 2-5）。危房改造是“两不愁三保障”的基本内容，也是脱贫攻坚的有力抓手，大力推进贫困户危房改造，改善贫困户住房条件，让贫困户切实享受到民生工程带来的实惠。从村级样本来看，实施安居工程的样本村比重从 2013—2015 年的 68.6 % 提高到了 2016—2018 年的 89.5%，大部分样本村村均受益农户数增长显著。

表 2-5　2013—2018 年样本村安居工程受益情况

县名	2013—2015 年安居工程受益情况			2016—2018 年安居工程受益情况		
	受益村比重（%）	村受益户均值（户）	标准差	受益村比重（%）	村受益户均值（户）	标准差
样本 6 县	68.6	123.7	444.8	89.5	91.6	110.5
贵州盘州	77.8	389.0	970.9	94.4	70.6	62.0
贵州正安	88.9	57.4	40.1	83.3	122.7	105.1

续表

县名	2013—2015 年安居工程受益情况			2016—2018 年安居工程受益情况		
	受益村比重（%）	村受益户均值（户）	标准差	受益村比重（%）	村受益户均值（户）	标准差
云南武定	82.4	45.0	48.2	76.5	188.0	180.2
云南会泽	75.0	116.8	199.0	87.5	138.1	118.4
陕西镇安	44.4	10.4	9.0	100.0	28.9	26.7
陕西洛南	44.4	53.6	51.5	94.4	39.6	53.4

数据来源：根据调研数据整理。

分省来看，贵州省盘州市在 2013—2015 年进行了大规模的危房改造，期间样本村村均受益农户数达到 389.0 户，明显高于其他调研地区。其他样本县在 2016—2018 年实施危房改造，期间样本村村均受益农户数较期初出现明显增加。云南省样本村村均受益户数的增长最为显著，而陕西省危房改造的受益村比重显著提高，但是村均受益户数对于其他样本村而言相对较少。

2.2.5　易地扶贫搬迁

易地扶贫搬迁的受益样本村比重显著增加，村均受益农户数小幅增加（表 2-6）。易地扶贫搬迁是党中央、国务院作出的一项重大战略决策，是新时期脱贫攻坚“五个一批”精准扶贫工程之一，是从根本上解决“一方水土养不起一方人”地区脱贫问题最直接、最有效的重要举措。从调研结果来看，易地扶贫搬迁的扶贫效果显著。从村级样本数据来看，易地扶贫搬迁政策的样本村比重从 2013—2015 年的 37.1% 提高到了 2016—2018 年的 77.1%，但村均受益户数从 2013—2015 年的 66.2 户却下降到 2016—2018 年的 46.4 户，村受益户数的差异却明显缩小，样本标准差从 132.6 下降成为 43.1。

分地区来看，贵州省和云南省样本村中易地扶贫搬迁受益村的比重增长明显，但受益户数的增幅相对有限。而生态环境相对更加脆弱的陕西省其易地扶贫搬迁村比重增幅较为显著，镇安县和洛南县受益样本村占比分别由期初的 50% 和 83.3% 增长到期末的 100%；镇安县样本村村均受益农户数从 48.0 户增长到 68.2 户。详见表 2-6。

表 2-6 2013—2018 年样本村易地搬迁受益情况

县名	2013—2015 年易地搬迁受益情况			2016—2018 年易地搬迁受益情况		
	受益村比重（%）	村受益户均值（户）	标准差	受益村比重（%）	村受益户均值（户）	标准差
样本 6 县	37.1	66.2	132.6	77.1	46.4	43.1
贵州盘州	5.6	2.0	—	88.9	25.6	44.6
贵州正安	50.0	39.7	42.3	83.3	36.1	25.4
云南武定	25.0	24.0	27.9	35.3	78.7	32.0
云南会泽	6.3	26.0	—	50.0	63.4	51.1
陕西镇安	50.0	48.0	63.5	100.0	68.2	50.0
陕西洛南	83.3	111.3	201.2	100.0	33.3	30.1

数据来源：根据调研数据整理。

2.2.6 整村推进

实施整村推进的样本村比重小幅下降，尽管整体上村均受益农户数下降，但是多数样本村的受益户数增加（表 2-7）。以整村推进为主要方式的新阶段扶贫开发工作既是改善民生、逐村整体消除贫困、实现共同富裕、促进社会和谐的重要内容之一，实施整村推进项目能够有力推动贫困群众生产增收。从村级样本数据分析，实施整村推进村的比重从 2013—2015 年的 62.9% 下降到 2016—2018 年的 55.2%，村均受益户数从 2013—2015 年的 797.0 户增加到 2016—2018 年的 1 132.3 户。受益样本村比重下降，主要是由于整村推进政策实施时间较长，许多村庄已经完成了项目，因此期末的整村推进所涉及的行政村数量出现下降。

分省来看，云南省整村推进的受益样本村比重下降最为明显，说明云南省整村推进工作开展较早、整村推进工作退出的村较多，但村均受益农户数量并没有明显下降，会泽县村均受益农户数由期初的 777.1 户上升至期末的 1 183.7 户。云南武定县和陕西镇安县情况类似，都呈现出受益村比重下降、村均受益农户数明显增加的情况，两个地区样本村村均受益农户数分别由期初的 677.0 户和 586.6 户提高到期末的 734.6 户和 829.4 户。贵州正安县的受益样本村比重有所增加，从 55.6% 提高到 61.1%，而且样本村村均受益农户数也明显增加，从 773.5

户上升到 1 591.3 户。详见表 2-7。

表 2-7　2013—2018 年样本整村推进受益情况

县名	2013—2015 年整村推进受益情况			2016—2018 年整村推进受益情况		
	受益村比重（%）	村受益户均值（户）	标准差	受益村比重（%）	村受益户均值（户）	标准差
样本 6 县	62.9	797.0	842.1	55.2	1 132.3	869.4
贵州盘州	61.1	1 401.8	1 332.9	50.0	1 327.8	904.8
贵州正安	55.6	773.5	765.9	61.1	1 591.3	964.2
云南武定	75.0	677.0	899.9	56.3	734.6	588.4
云南会泽	56.3	777.1	611.1	37.5	1 183.7	1 343.9
陕西镇安	77.8	586.6	416.6	72.2	829.4	812.0
陕西洛南	55.6	611.3	643.4	55.6	1 172.2	496.8

数据来源：根据调研数据整理。

2.2.7　扶贫特色产业

有扶贫特色产业的样本村比重出现了较为明显的提高，扶贫特色产业的村均受益户数明显提高（表 2-8）。产业扶贫是实现稳定脱贫的根本之策，近年来，贫困地区大力发展特色产业，提高贫困地区自我发展能力。从村级样本数据来看，有扶贫特色产业的样本村比重从 2013—2015 年的 43.8% 增加到 2016—2018 年的 67.6%，村均受益农户数从 2013—2015 年的 384.9 户增加到 2016—2018 年的 502.7 户。产业扶贫发展及带动能力整体都显著提升，但是均值标准差较大，表明村均受益户数的差异也很大。

分地区来看，贵州省样本村县的产业扶贫发展水平好于其他样本村，村均受益农户数也多于其他样本地区，期末（2016—2018 年）贵州盘州市和正安县受益样本村比重均达到 70.0% 以上，发展水平相对均衡。陕西镇安县和洛南县的受益样本村比重和村均受益农户数增幅明显，两个地区村均受益农户数分别从期初的 78.4 户和 64.3 户增加到期末的 449.3 户和 360.3 户；洛南县在 2018 年的受益样本村占比达到 94.4%。云南会泽县的扶贫特色产业的受益样本村出现减少的情况，受益样本村比重从 50.0% 降至 25.0%。详见表 2-8。

表 2-8 2013—2018 年特色产业受益情况

县名	2013—2015 年特色产业受益情况			2016—2018 年特色产业受益情况		
	受益村比重（%）	村受益户		受益村比重（%）	村受益户	
		均值（户）	标准差		均值（户）	标准差
样本 6 县	43.8	384.9	637.5	67.6	502.7	601.3
贵州盘州	38.9	258.6	277.4	77.8	601.4	504.8
贵州正安	50.0	949.4	1 068.0	72.2	478.6	864.6
云南武定	62.5	247.7	270.6	68.8	555.4	637.7
云南会泽	50.0	503.9	711.8	25.0	856.0	978.3
陕西镇安	27.8	78.4	32.6	66.7	449.3	445.0
陕西洛南	38.9	64.3	61.7	94.4	360.3	422.6

数据来源：根据调研数据整理。

2.2.8 电商扶贫

有电商扶贫的村比重较低，且村均电商扶贫受益户数也较少（表 2-9）。电商扶贫是扶贫开发体制机制的重要创新，2016 年国务院办公厅发布实施《关于促进农村电子商务加快发展的指导意见》，要积极推进电商扶贫。因此在 2015 年之前，样本地区鲜有电商扶贫政策和相关投入。2016—2018 年，电商扶贫蓬勃发展。观察村级样本数据发现，贵州盘州市样本地区发展电商扶贫的样本村比重和受益户数相对较高，分别为 16.7% 和 401.0 户；云南会泽县样本地区电商扶贫相对较弱，受益的样本村比重和农户数量仅为 6.3% 和 1.0 户。由于调研样本村都在深度贫困地区，电子商务发展滞后，而电商扶贫需要立足于当地优势、特色农产品，配以良好的基础设施和丰裕的专业人才，而贫困地区往往上述资源禀赋匮乏，因此导致这些地区电商扶贫效果一般，未来在带动摘帽村脱贫户巩固拓展脱贫成果上有待提升。

表 2-9 2016—2018 年电商扶贫受益情况

县名	村比重（%）	村受益户均值（户）	标准差
样本 6 县	11.4	155.8	234.6
贵州盘州	16.7	401.0	400.5
贵州正安	5.6	54.0	0
云南武定	12.5	136.5	89.8
云南会泽	6.3	1.0	0
陕西镇安	11.1	18.5	23.3
陕西洛南	16.7	100.3	82.1

数据来源：根据调研数据整理。

2.2.9 光伏发电

光伏发电扶贫在样本村处于发展态势，但整体比重仍相对较低，带动农户数量相对有限（表 2-10）。光伏发电是精准扶贫的着力点，能够在较长期间保障贫困户获得稳定收益。光伏发电受益村比重从期初（2013—2015 年）的 2.9% 增长到期末（2016—2018 年）的 11.4%；村受益户数从 29.7 户增长为期末的 112.2 户。其中，云南会泽县村均受益户数增幅最大，从期初的“光头”0 增加到期末的 550.0 户。尽管光伏扶贫是脱贫攻坚重要的手段，但各地推进差异较大。总体看，宏观上可能由于光伏扶贫政策导向明显，往往由国家确定光伏扶贫工程重点实施区域，并配县为单元统筹规划，分阶段整村推进方式加以实施；微观上主要由于样本地区并非按照光伏扶贫工程来抽取，结果表现出光伏扶贫在各个样本县的成效总体不高，且样本村之间受益农户数量差异较大。

样本村在精准扶贫工作开展以后“三保障”投入明显增加，有效地改善了贫困地区义务教育、医疗和住房安全情况。在 2016—2018 年随着投入的增加，改善效果尤为显著。

教育优惠政策扶贫整体改善明显，扶贫投入主要集中在 2013—2015 年，教育优惠政策在样本村已发挥正向作用，随着贫困户退出和贫困户家庭适龄儿童的减少，2016—2018 年执行教育优惠政策的村比重下降明显，村均教育优惠政策的受益户数逐渐减少。

表 2-10 2013—2018 年光伏发电受益情况

县名	2013—2015 年光伏发电受益情况			2016—2018 年光伏发电受益情况		
	受益村比重（%）	村受益户均值（户）	标准差	受益村比重（%）	村受益户均值（户）	标准差
样本 6 县	2.9	29.7	41.1	11.4	112.2	164.7
贵州盘州	5.6	77.0	0.0	11.1	83.5	19.1
贵州正安	0.0	0.0	—	0.0	0.0	—
云南武定	6.3	9.0	0.0	18.8	125.3	191.2
云南会泽	0.0	0.0	—	6.3	550.0	0.0
陕西镇安	5.6	3.0	0.0	27.8	47.0	16.4
陕西洛南	0.0	0.0	—	5.6	18.0	0.0

数据来源：根据调研数据整理。

在基本医疗上兜底效应明显，2016—2018 年阶段大病救助的兜底范围相较于 2013—2015 年明显扩大，有大病救助的村比重虽增加较为明显，村均受益户数显著增长。

贫困地区住房安全水平显著提升，由于安居工程实施较早，因此 2016—2018 年安居工程尽管实施安居工程的村比重大幅增加，但是样本的平均值有所下降，不过大部分村的安居工程受益户数显著增加，而 2016—2018 年易地扶贫搬迁的受益样本村比重显著增加，村均受益农户数小幅增加。

扶贫特色产业在 2013—2015 年已经初步发展，随着产业扶贫战略地位上升，政府扶持力度的增大，2016—2018 年扶贫特色产业有了较快发展，但是电商扶贫作为新兴的扶贫方式，受地区资源禀赋的制约，发展速度和带动农户数量有限。而光伏发电由于其政策导向型明显，有特定的试点地区，地区发展差异较大。扶贫产业整体改善效果有限，资源禀赋是致贫的主要因素，同时也会进一步制约扶贫产业的发展和新兴扶贫方式的衔接，扶贫特色产业还比较薄弱，未来不仅要持续投入，更要科学合理地制定产业发展规划，积极改善贫困地区软硬件设施，对接电商等新兴业态，促进贫困地区产业持续发展。

2.3 样本农户的政府现金转移支付与扶贫项目参与

样本农户收到的政府现金转移性支付大幅增长（表 2-11）。2012—2018

年，样本农户收到的政府现金转移性支付从不足 1 000 元 /（人·年）增加到超过 3 500 元 /（人·年），总额大幅增长，这与政府现金转移支付的范围、种类、标准密切相关，说明国家对于贫困县农户的重视程度越来越高，扶持力度越来越大。分项来看，政府补贴与政府津贴均逐步增长。2012 年，样本农户人均政府补贴均值为 416.57 元 /（人·年），这一数值在 2018 年达到了 2 053.56 元 /（人·年）；2012—2018 年，样本农户政府津贴均值从 363.55 元增长到 1 510.25 元 /（人·年）。总体上来看，政府补贴的增加幅度大于政府津贴的增加幅度。

表 2-11　2012 年、2015 年、2018 年样本农户政府现金转移性支付情况　[单位：元 /（人·年）]

项目	年份	均值	标准差
政府现金转移性支付	2012	780.12	949.21
	2015	1 980.45	4 459.03
	2018	3 563.81	7 791.89
政府补贴	2012	416.57	703.17
	2015	976.14	3 416.70
	2018	2 053.56	6 299.69
政府津贴	2012	363.55	625.75
	2015	1 004.31	2 849.48
	2018	1 510.25	4 456.57

数据来源：根据调研数据整理。

注：政府补贴包括各种生产补贴、退耕还林补贴、紧急援助等各项补贴的加总；政府津贴包括养老金、低保、残疾人补助金等各项津贴的加总；政府现金转移性支付是政府补助和政府津贴的加总。

样本农户参与扶贫项目增多，扶贫效果普遍较好（表 2-12）。在样本农户的扶贫项目参与方面，2013—2018 年 6 年期间，无论是项目的数量还是参与户数，都在逐步增加。具体的，2013—2015 年 3 年期间，项目覆盖率最广的前三位分别是：整村推进 669 户、教育扶贫 – 免学杂费 413 户、教育扶贫 – 营养餐 407 户；2016—2018 年 3 年期间，项目覆盖率最广的前三位分别是教育扶贫 – 免学杂费 377 户、教育扶贫 – 营养餐 357 户、安居工程 190 户，说明教育扶贫类项目可持续性最好，住房扶贫类项目的重视程度逐渐增大。此外，教育扶贫、健康扶贫以及产业扶贫都增加了项目类别，教育扶贫新增贫困生生活补助，健康扶贫新增了大病救助项目，产业扶贫新增的项目最多，包括旅游扶贫、农村综合发展项目、电商扶贫和光伏发电扶贫等，体现出了产业发展对于可持续减贫的重要性。

表 2-12 2013—2018 年样本农户扶贫项目参与情况及效果

项目	类别	参与户数（户）		参与率（%）		扶贫效果（%）					
						2013—2015			2016—2018		
		2013—2015	2016—2018	2013—2015	2016—2018	很好	一般	没效果	很好	一般	没效果
就业扶贫	雨露计划	38	44	2.8	3.2	50.0	36.8	13.2	56.8	38.6	4.6
教育扶贫	免学杂费	413	377	30.2	27.5	86.9	12.4	0.7	90.5	9.3	0.3
	营养餐	407	357	29.8	26.1	85.5	13.3	1.2	86.8	12.9	0.3
	贫困生生活补助	—	126	—	9.2	—	—	—	92.9	6.4	0.8
健康扶贫	大病救助	—	168	—	12.3	—	—	—	79.2	18.5	2.4
住房扶贫	安居工程	156	190	11.4	13.9	85.7	11.0	3.3	74.7	21.6	3.7
	易地扶贫搬迁 / 生态移民 / 避灾移民	34	40	2.5	2.9	61.8	29.4	8.8	75.0	17.5	7.5
整村推进	整村推进	669	272	48.9	19.9	79.8	17.7	2.5	78.7	17.7	3.4
产业扶贫	修建沼气 / 太阳能补贴	—	45	—	3.3	—	—	—	71.1	28.9	0.0
	扶贫特色产业发展	97	49	7.1	3.6	66.3	26.3	7.4	71.4	22.5	6.1
	旅游扶贫	—	0	—	0.0	—	—	—	50.0	50.0	0.0
	农村综合发展项目	—	33	—	2.4	—	—	—	63.6	24.2	12.1
	电商扶贫	—	5	—	0.4	—	—	—	40.0	0.0	60.0
	光伏发电扶贫	—	7	—	0.5	—	—	—	71.4	28.6	0.0
金融扶贫	互助扶贫资金	4	7	0.3	0.5	75.0	25.0	0.0	71.4	28.6	0.0
	小额信贷	155	81	9.9	5.9	71.4	26.0	2.6	64.2	28.4	7.4
	贴息贷款金融扶贫	51	33	3.3	2.4	74.5	5.6	19.9	81.8	18.2	0.0
社会保障	灾后救济	—	23	—	1.7	—	—	—	65.2	26.1	8.7
	粮食救助	—	39	—	2.9	—	—	—	66.7	33.3	0.00

数据来源：根据调研数据整理。

注：参与率以家庭为单位进行计算，参与率 = 参与人数 / 当年样本总人数，扶贫效果 = 选项人数 / 对应项目参与总人数。

对于扶贫效果而言，2013—2018 年 6 年期间，农户对扶贫项目的认可度普遍较高，反馈扶贫效果很好的农户超过 50%；参与教育扶贫类项目的农户扶贫效果反响最好，反馈扶贫效果很好的农户超过 85%；值得注意的是，2016—2018 年期间，参与贴息贷款金融扶贫的农户从项目中获得了较高的收益，认可度超出 80%；另外，电商扶贫在 2016—2018 年的反馈效果较低，60% 的参与农户反馈没效果，这可能与电商作为一种新兴产业，农户在初期的接受程度有限，对电商认可度较低有关。总体而言，政府扶贫项目的实施极大地改善了贫困地区农户的生产生活条件、基础设施以及公共服务状况。

3 基础设施与公共服务

脱贫攻坚，以前所未有的资金投入、优惠政策、资源调动，使贫困地区的面貌和贫困群众的生产生活发生了翻天覆地的变化。贫困地区安全饮水、住房安全、义务教育、基本医疗任务全部完成。其中，共解决了 458.91 万饮水困难人口的安全饮水问题，完成了 24.41 万贫困户的危房改造任务，累计新建改扩建农牧区双语幼儿园 9 535 所、义务教育学校 5 789 所，义务教育巩固率均达到 95.0% 以上；实现了 147 个深度贫困县的 8 097 个贫困村合格卫生室 100% 全覆盖，贫困人口“基本医疗保险、大病保险、医疗救助”三重保障全覆盖。脱贫攻坚大大改善了贫困地区的基础设施和公共服务，基础设施条件实现历史性跨越，致贫短板和历史欠账得到有效缓解，人民群众得以享受现代文明成果；教育、医疗资源形成面向贫困地区和农村基层的有效供给，基本公共服务不平衡不充分问题得到矫治。本部分将基础设施和公共服务细化为义务教育、卫生与医疗、饮用水安全、交通和市场连接五个方面，从时间维度和空间维度对样本村扶贫成效加以分析。

3.1 义务教育

在义务教育阶段学校数量方面，其间本村拥有小学的样本村数量小幅下降，拥有初级中学的样本村数量略有增加（表 3-1）。教育扶贫是最根本的，也是最有效的精准扶贫。做好教育扶贫工作，阻断贫困的代际传递，最基础的是完善义务教育学校布局，优化资源配置改善贫困地区儿童上学条件，进一步降低贫困地区特别是深度贫困地义务教育辍学率。在 2012—2018 年，受“撤校并点”以及生源减少等因素的影响，拥有小学的样本村出现了较为明显的下降，由期初（2010—2012 年）的 84.55% 下降为 2018 年的 72.73%；拥有初中的样本村比重略有提高，由期初的 10.91% 上升为 2018 年的 13.64%。

分地区来看，贵州盘州市拥有小学的样本村的数量相对较低，且降幅明显，其拥有小学的本县样本村数量从2010—2012年的63.16%降至2018年的42.11%。陕西镇安县拥有小学的样本村的数量同样较低，但期初期末变化不大，基本维持在52.63%。贵州正安县、云南武定县和云南会泽县的样本村拥有小学的比例相对较高，分别为94.44%、100%和100%；至2018年期末，拥有小学的样本村数量略有下降，分别为83.33%，94.44%和94.12%。贵州正安县是调研地区中样本村拥有初中数量最多的地区，且数量增减幅度不大，拥有初中的样本村比重始终为27.78%。云南武定县和陕西洛南县拥有初中的样本村数量在期初占比较低，均为5%左右；到2018年两县拥有初中的样本村数量增长为期初的2倍，占比达到10%以上。详见表3-1。

表3-1　2010—2018年村级有义务教育学校比重　（单位：%）

县名	有小学的村比重			有初中的村比重		
	2010—2012年	2015年	2018年	2010—2012年	2015年	2018年
样本6县	84.55	80.91	72.73	10.91	11.82	13.64
贵州盘州	63.16	42.11	42.11	10.53	10.53	10.53
贵州正安	94.44	100	83.33	27.78	27.78	27.78
云南武定	100	94.44	94.44	5.56	5.56	11.11
云南会泽	100	100	94.12	11.76	11.76	17.65
陕西镇安	52.63	84.21	52.63	5.26	10.53	5.26
陕西洛南	78.95	52.63	73.68	5.26	5.26	10.53

数据来源：根据调研数据整理。

学校数量发生变化，使中小学生到学校的距离和上学方式发生了较大改变。根据样本村调研数据发现，2010—2018年，小学生上学平均距离的变化较小，但是上学距离超过10千米的村略有增加；相应的，小学生上学方式也发生变化，步行比重下降，寄宿学校的比重波动上升。上学方式主要为步行的村比重从2010年的66.7%下降到2018年的23.3%，寄宿学校的比重从2010年的28.6%波动增加到2018年的33.3%。初中生上学的距离变化不明显，但是初中上学方式主要为步行的村比重和寄宿学校的比重均出现了明显下降。初中上学方式主要为步行的村比重从2010年的19.1%下降到2018年的10.2%，寄宿学校的比重从2010年的66.3%下降到2018年的54.6%。

3.2 卫生与医疗

村级医疗服务机构的覆盖率显著提高，农民就医条件显著改善（表 3-2）。村级卫生室是农村三级卫生服务网的“网底”，是农村医疗卫生服务体系的重要基础和组成部分，加强村级标准化卫生室的建设不仅有利于村级医疗卫生服务设施，推进健康扶贫工作，还能切实解决农村群众的看病就医问题。样本村数据表明，2010—2012 年，有 70.6% 的样本村建有医疗服务机构，但各地区存在明显差异。其中，云南武定县和云南会泽县拥有医疗服务机构的样本村数量占比为 100%；而陕西镇安县和陕西洛南县拥有医疗服务机构的样本村数量占比仅为 36.8% 和 42.1%。精准扶贫实施以来，农村医疗卫生条件显著改善，2015 年样本村中有医务室的村比重增加到 96.3%，各地差距逐渐缩小，其中有 4 县的样本村实现了医务室的全覆盖；到了 2018 年，所有样本村都实现了卫生室的全覆盖。

表 3-2　2010—2018 年有医务室的村比重　　（单位：%）

县名	2010 年	2012 年	2015 年	2018 年
样本 6 县	70.6	70.6	96.3	100
贵州盘州	78.9	78.9	100	100
贵州正安	72.2	72.2	100	100
云南武定	100	100	100	100
云南会泽	100	100	100	100
陕西镇安	36.8	36.8	84.2	100
陕西洛南	42.1	42.1	94.7	100

数据来源：根据调研数据整理。

3.3 饮用水安全

样本村村级清洁饮水覆盖率显著提高，村级饮用水安全得到有效保障（表 3-3）。解决建档立卡贫困户饮水安全是实现脱贫攻坚“两不愁三保障”总体目标中“不愁吃”的重点工作，是中央对省级党委政府扶贫开发成效考核的重要内容。2012 年之前，村级清洁饮水发展水平低而且发展缓慢，除陕西洛南县样本村农户使用村级清洁饮水比重达到27.0%之外，其他地区使用清洁饮用水的农户占比均不足20%。随着精准扶贫工作推进，2015年以后样本村农户使用清洁饮水比率显著提高，达到85.1%；到了2018年，样本村农户使用清洁饮水的比例达到97.3%。

表3-3　2010—2018年村级清洁饮水使用比重　（单位：%）

县名	2010年	2012年	2015年	2018年
样本6县	16.4	16.4	85.1	97.3
贵州盘州	14.9	14.9	87.8	99.2
贵州正安	7.7	7.7	76.2	94.9
云南武定	18.0	18.0	81.9	97.7
云南会泽	10.6	10.6	90.8	93.2
陕西镇安	19.8	19.8	90.1	98.4
陕西洛南	27.0	27.0	83.3	99.8

数据来源：根据调研数据整理。

3.4 交　　通

样本村对外交通的便利程度明显改善，村内道路硬化比例显著提高（表3-4）。交通运输是贫困地区脱贫攻坚的基础性和先导性条件，具备条件的建制村通硬化路这个全面小康社会兜底性指标。从样本村数据来看，村庄直接连接公路的比例在2012年就具有较高水平，平均89%的村直接连接公路；2015年所有样本村均已直接连接公路。2010—2018年，样本村的道路硬化水平显著增加，村内道路硬化率从2010—2012年的25.5%增加到2018年的82.0%。

分地区来看，贵州盘州市和贵州正安县道路硬化比重增速最快，分别由期初的9.1%和8.2%增长到2018年的99.2%和90.1%；这两个村也由所有样本村的垫底地区一跃成为道路硬化比重最高的样本地区。云南省和陕西省的样本村道路硬化比重在期初时分别维持在20%和40%以上的水平，虽然各地区后期道路硬化比重都有明显增长，但增速明显逊于贵州的样本村；其中云南会泽县增幅最弱，2018年村级道路硬化率仅为53.4%，在所有调研样本地区中最低。详见表3-4。

表 3-4 2010—2018 年村级交通情况变化 （单位：%）

县名	连接公路的村比重		村级道路硬化比重		
	2010—2012 年	2015 年	2010—2012 年	2015 年	2018 年
样本 6 县	89.0	100	25.5	53.8	82.0
贵州盘州	84.2	100	9.1	61.1	99.2
贵州正安	88.9	100	8.2	43.3	90.1
云南武定	83.3	100	24.0	67.3	87.1
云南会泽	82.4	100	23.2	28.1	53.4
陕西镇安	94.4	100	41.5	59.3	76.7
陕西洛南	100.0	100	41.8	60.3	85.7

数据来源：根据调研数据整理。

3.5 市场连接

贫困发生的主要原因并非是由于缺乏生产资料导致的产出不足，而是由于生产出来的产品无法到达市场，或无法对接市场的需求。产品与市场脱节成为导致贫困的重要诱因，尤其在产业扶贫方面的“重生产、轻销售”带来诸多隐患。因此小农户与市场的有效衔接对扶贫发展至关重要。农产品市场是沟通农产品生产与消费的桥梁与纽带，是保障城市供给、促进城乡协调发展的重要支撑体系。近年来，我国农产品市场建设得到较快发展，在农业、农村经济发展，保障城乡供给和食品安全、增加农民收入方面发挥重要作用。目前贫困地区产业发展的组织化水平稳步提升，对贫困群体的带动能力显著增强，贫困群体的素质能力与内生发展动力大幅提升，得以参与市场交易、分享发展红利。一是内培与外引相结合，以企业和合作组织为主的市场主体不断壮大，市场竞争力不断提升，对贫困户的带动能力不断增强。提高组织化水平，是改造贫困地区传统产业的重要手段。二是有市场能力、有资本支持的大企业与在地化合作组织的联合提升了产业发展的质量和韧性，也让广大分散的传统小农户得以通过大企业连接大市场，进入现代化产业链中，分享产业发展红利。因此本节从市场发展和合作社两方面分析扶贫攻坚给农户市场连接方面带来的改变。

3.5.1 市　场

大部分村都没有固定市场，且固定市场的增速有限，而没有固定集市的村距离市场均较远（表 3-5）。农村市场都是长期约定俗成的，因此新固定市场的增加较为缓慢。从样本村数据来看，有固定市场的样本村比重从 2015 年的 23.1% 增加到了 2018 年的 25.0%；样本村到固定市场的距离较远，且距离变化不大。

表 3-5　2015—2018 年村级集市情况

县名	有固定市场村占比（%）			到市场距离（千米）		
	2010—2012 年	2015 年	2018 年	2010—2012 年	2015 年	2018 年
样本 6 县	22.2	23.1	25.0	7.3	7.3	6.8
贵州盘州	21.1	26.3	26.3	5.1	4.6	4.0
贵州正安	29.4	35.3	29.4	10.3	5.4	5.0
云南武定	22.2	22.2	27.8	10.1	10.1	10.6
云南会泽	29.4	23.5	29.4	5.9	6.8	6.0
陕西镇安	16.7	22.2	27.8	6.5	7.8	7.3
陕西洛南	15.8	21.1	26.3	6.4	8.3	7.8

数据来源：根据调研数据整理。

3.5.2 合 作 社

小农户进入大市场的渠道逐渐疏通，有合作社的村比重明显增加，但是合作社和农超对接等带动农户能力仍然较低（表 3-6）。小农户能否顺利进入大市场是农民能否通过农业生产经营增收的关键所在。合作社是带动小农户进入大市场的主要桥梁，而农超对接拓宽了农产品销售渠道，因此农民参与合作社比重以及农超对接比重将直接反映出小农户融入大市场的情况。从样本村数据来看，有合作社的样本村比重从 2015 年的 51.4% 增加到了 2018 年的 84.8%；合作社带动本村农户比重从 2015 年的 0.2% 增加到了 2018 年的 48.6%，虽然带动户数增幅明显，但合作社总体带动农户比例仍然偏低。

分地区来看，贵州盘州市的样本村在建立合作社及农户参与合作社比重上增幅最快，其中有合作社的样本村比重由 2015 年的 42.1% 增长到 2018 年的

100%；农户参与合作社比重由 2015 年的 0.1% 增长到 2018 年的 88.2%。陕西镇安县和陕西洛南县在样本村拥有合作社比重方面增幅明显，分别从 2015 年的 52.6% 和 72.2% 增加到 2018 年的 100%；但对于农户参与合作社范围并没有实现大范围覆盖，增幅仅为 40.0% 和 28.6%。云南武定县和云南会泽县的样本村在合作社拥有比重和带动农户参与合作社方面相对薄弱，2015—2018 年拥有合作社的样本村比重没有明显增加；同时本县样本村中农户参与合作社比重未超过 50%。详见表 3-6。

表 3-6　2015—2018 年村级合作社情况　（单位：%）

县名	有合作社的村比重		农户参与合作社比重	
	2015 年	2018 年	2015 年	2018 年
样本 6 县	51.4	84.8	0.2	48.6
贵州盘州	42.1	100	0.1	88.2
贵州正安	41.2	82.4	0.1	25.8
云南武定	50.0	66.7	0.3	44.6
云南会泽	50.0	50.0	0.2	48.9
陕西镇安	52.6	100	0.2	40.2
陕西洛南	72.2	100	0.3	28.9

数据来源：根据调研数据整理。

农超对接方面，2015 年农户农产对接的样本村比重仅有 7.6%，但是到了 2018 年，有农产对接的村比重也只有 9.5%；农超对接带动农户比重由 2015 年的 7.7% 增加到 2018 年的 16.2%。总体来看，农超对接带动农户能力依然较弱。详见表 3-7。

分地区来看，贵州省盘州市样本村的农超对接比重相对较高，2018 年有农超对接的样本村比例为 21.1%，明显高于其他样本村县。贵州正安县在拥有农超对接项目样本村比重出现明显下降，由 2015 年的 11.8% 降至 2018 年的 5.9%，但吸纳参与农超对接项目的农户比重明显提高，从 2015 年的 0.1% 增长至 2018 年的 36.2%。陕西镇安县和陕西洛南县的农超对接带动比重都出现了不同程度的下降，尤其表现在农户参与农超对接项目的比重上，两个地区样本村中农户参与农超对接的比重分别从 2015 年的 10% 和 15.7% 分别降至 2018 年的 3.4% 和 1.5%。云南会泽县始终没有样本村引入农超对接项目。详见表 3-7。

表 3-7　2015—2018 年村级农超对接情况　　（单位：%）

县名	有农超对接的村比重		农户参与农超对接比重	
	2015 年	2018 年	2015 年	2018 年
样本 6 县	7.6	9.5	7.7	16.2
贵州盘州	5.3	21.1	0.2	21.9
贵州正安	11.8	5.9	0.1	36.2
云南武定	0	5.6	0	28.2
云南会泽	0	0	0	0
陕西镇安	15.8	10.5	10	3.4
陕西洛南	12.5	12.5	15.7	1.5

数据来源：根据调研数据整理。

第二篇
减贫进程中农户生计与食物安全状况的改变

4 收入与支出

收入是农户生存之本，是反映贫困人口减少最为重要且直接的指标。实施脱贫攻坚战略对贫困地区经济发展产生了前所未有的影响，居民生活水平不断提高，贫困人口大幅下降。经济增长为实现减贫目标提供了良好的条件，扶贫政策发挥了更直接且越来越重要的作用。现扶贫开发重点县农民收入占全国农民平均收入的比重不断上升，开发式扶贫政策显著改善了贫困地区的基础设施和生活条件，为农户创收提供了良好的基础，基础设施、科技服务和产业化的发展促进了贫困地区农户平均收入的提高；补贴式扶贫政策可以直接增加贫困人群的收入，缓解贫困人群面对各种冲击的脆弱性。本章主要描述样本村和样本户收入与支出水平的变化趋势。

4.1 收　入

4.1.1 样本村人均纯收入

2015—2018 年，三省样本地区农民人均纯收入增长虽然较为明显，但是仍低于全国农村居民人均可支配收入的平均水平（表 4-1）。2015 年精准扶贫政策实施之初，样本村的农民人均纯收入是 5 230.1 元；经过三年精准扶贫，2018 年样本村农民人均纯收入均值达到了 6 942.5 元，年均增速 10.9%[①]。与全国平均和样本村所在省平均水平对比发现，样本村人均纯收入均值虽然远低于本省均值和全国均值，但是增速比全国年平均增速的 9.4% 高 1.5 个百分点。

① 这里并没有剔除价格因素影响，但因为这里侧重比较不同地区的发展速度，因此这样做并不影响结论。

分地区来看，贵州盘州市样本村的农民人均纯收入增幅最大，2015—2018年年均增速达到30.7%，并成为样本地区2018年农民人均纯收入最高的地区，达到8 383.9元/人。陕西镇安县样本村2018年农民人均纯收入在样本地区居于第二位，达到8 023.1元/人，其年均增速为11.7%。陕西洛南县增幅较为有限，作为样本地区中2015年农民人均纯收入最高的地区，此后三年的年均增速仅为2.2%，当地2018年人均纯收入仅达到7 216.9元/人。云南武定县和云南会泽县年均增速居中，但由于基期收入水平较低，两地2018年农民人均纯收入分别为6 402.2元/人和5 313.2元/人，在样本地区中排名较为靠后。详见表4-1。

表4-1 2015年、2018年样本村的农民人均纯收入

县名	2015年农民人均纯收入		2018年农民人均纯收入		年均增速（%）
	村均值（元）	标准差	村均值（元）	标准差	
样本村均值	5 230.1	2 556.8	6 942.5	2 526.1	10.9
贵州盘州	4 361.3	1 698.1	8 383.9	1 499.9	30.7
贵州正安	4 763.6	3 424.3	5 907.0	2 093.9	8.0
云南武定	5 336.9	2 104.5	6 402.2	3 044.0	6.7
云南会泽	4 054.9	1 859.2	5 313.2	2 228.6	10.3
陕西镇安	5 942.9	2 441.5	8 023.1	2 290.9	11.7
陕西洛南	6 779.1	2 697.4	7 216.9	2 583.3	2.2
全国	10 489.0	—	13 432.0	—	9.4
贵州省	6 671.0	—	8 869.0	—	11.0
云南省	7 456.0	—	9 862.0	—	10.8
陕西省	6 277.0	—	8 076.0	—	9.6

数据来源：根据调研数据和《2014—2017年国民经济和社会发展统计公报》整理。

虽然农民人均纯收入整体明显增加，但样本村中之间存在较大差异（表4-2）。样本村农民人均纯收入增加与减少现象并存，但收入增加村的数量远远超过收入减少的村，收入增加幅度也远超过减少的幅度。在样本村中，农民人均纯收入减少的村占比为26.6%，其中收入降幅为10%以上和0～10%的各占13.3%；农民人均纯收入增幅超过10%的样本村占比达到51.7%，其中收入增幅在10%～30%的村占比达到了26.7%；收入增幅在30%以上的样本村占比达到25.0%。

表 4-2 2015 年、2018 年样本村农民人均收入年增长幅度 （单位：%）

县名	-10% 以上占比	-10%（含）～0 占比	0（含）～10% 占比	10%～30%（含）占比	30% 以上占比
样本 6 县	13.3	13.3	21.7	26.7	25.0
贵州盘州	0.0	5.3	15.8	21.1	57.9
贵州正安	5.9	23.5	11.8	41.2	17.6
云南武定	17.6	11.8	29.4	23.5	17.6
云南会泽	18.8	18.8	37.5	0.0	25.0
陕西镇安	10.5	15.8	26.3	26.3	21.1
陕西洛南	27.8	16.7	16.7	22.2	16.7

数据来源：根据调研数据整理。

分省来看，收入增加的样本村主要集中在贵州盘州市、贵州正安县、云南武定县和陕西镇安县。其中，贵州盘州市收入增加的样本村数量最多，同时收入增幅非常明显：有超过 94.7% 的本县样本村实现了人均纯收入增长；57.9% 的样本村收入增幅超过 30%。贵州正安县收入增长的本县样本村占比达到 70.6%；其中 41.2% 的本县样本村收入增幅在 10%～30%。云南武定县和陕西镇安县的样本村收入变化情况相似，约有 70%，但多数样本村的收入增幅超过 30% 的样本村数量有限，主要增幅集中在 0～30%。云南会泽县和陕西洛南县农民人均纯收入减少的样本村数量均超过本县样本村数量的 1/3，明显高于其他调研地区；其中陕西洛南县样本村收入下降幅度最为明显，降幅在 10% 以上的本县样本村比例高达 27.8%。

4.1.2 样本农户收入情况

根据国家统计局在《中国统计年鉴》当中的定义，按照计算方法划分，可以将农户收入划分为总收入和纯收入；按照收入性质，农户收入分为家庭经营收入、工资性收入、财产性收入和转移支付收入。其具体定义如下。

（1）总收入是指调查期内农村住户和住户成员从各种来源渠道得到的收入总和。

（2）农村居民家庭人均收入是指农村住户当年从各个来源得到的总收入相应地扣除所发生的费用后的收入总和，再除以家庭人口数，计算方法：农村居民

家庭人均收入 =（总收入 - 家庭经营费用支出 - 税费支出 - 生产性固定资产折旧 - 赠送农村内部亲友）/ 家庭人口数。

（3）大农业收入是指从事农业生产的单位或个人获得的收入。

（4）工资性收入是指农村住户成员受雇于单位或个人，靠出卖劳动而获得的收入。

（5）家庭经营收入是指农村住户以家庭为生产经营单位进行生产筹划和管理而获得的收入。农村住户家庭经营活动按行业划分为农业、林业、牧业、渔业、工业、建筑业、交通运输业、邮电业、批发和零售贸易餐饮业、社会服务业、文教卫生业和其他家庭经营。

（6）财产性收入是指金融资产或有形非生产性资产的所有者向其他机构单位提供资金或将有形非生产性资产供其支配，作为回报而从中获得的收入。

（7）转移性收入是指农村住户和住户成员无须付出任何对应物而获得的货物、服务、资金或资产所有权等，不包括无偿提供的用于固定资本形成的资金。一般情况下，指农村住户在二次分配中的所有收入。

通过对四轮调查数据中的农户收入部分信息整理汇总，得到了农户从 2010 年到 2018 年的家庭收入变化过程。其中经历了 2015 年“脱贫攻坚战”的开始，并即将经历 2020 年的收官，因而该调查所记录的三省六县的农户收入变迁过程极具意义。

根据四种统计口径分别计算了家庭一年的总收入水平，结果发现农户收入显著增加（表 4-3）。总收入指家庭总现金收入，其中 2010 年的总收入为农户自报的最主要的三项收入来源的全年收入金额总和，2012 年、2015 年和 2018 年的总收入为全部收入项的总和减去家庭过去一年的生产性支出所得。总收入的结果显示，2012 年至 2015 年样本农户家庭总收入平均增加 3 058.91 元，而从 2015 年至 2018 年增加 15 023.12 元，后三年的总收入平均增加额是前三年的 4.91 倍。

将总收入除以家庭的总人口数，得到家庭人均总收入，从 2012 年到 2015 年，家庭人均总收入增加额为 864.59 元；从 2015 年到 2018 年，家庭人均总收入增加额为 4 493.97 元。后三年的人均总收入增加额是前三年的 5.20 倍。在 2012 年至 2015 年，样本农户家庭年农业产值从 142 699.50 元增加到了 163 885.60 元，增加额为 21 186.10 元。后三年的增加额为 82 603.60 元，是前三年的 3.90 倍。为了进一步确定家庭自身创收能力的高低，在总收入中排除了社会转移支付的部分，结果显示从 2012 年到 2015 年农户家庭收入增加 2 662.23 元，而从 2015 年到 2018 年的金额为 15 175.53 元，是前者的 5.70 倍。

表 4-3　样本农户收入整体情况

年份	总收入（元）		家庭人均总收入（元）		总收入 *（元）	
	均值	标准差	均值	标准差	均值	标准差
2010	19 391.11	32 976.07	6 406.44	14 459.3		
2012	19 081.83	41 884.10	5 958.48	12 800.67	16 988.15	39 239.96
2015	22 140.74	6 5716.39	6 823.07	18 194.90	19 650.38	63 303.64
2018	37 163.86	151 943.40	11 317.04	31 467.15	34 825.91	148 417.30

注：最后一列“总收入 *”表示去除社会转移支付的家庭总收入值。2010 年仅对家庭最主要的三项收入进行了调查，总收入水平等于最主要三项收入之和。其余三个年份则对具体收入类别展开了调查，总收入为全部细分收入之和，具体细分收入的七个类别见收入结构表格。家庭人均总收入 = 总收入 / 家庭总人口数。

该部分的调查结果表明，在 2015 年前后，样本农村家庭的收入增加水平显著改变。在 2015 年至 2018 年，三省六县农村家庭的四种统计口径的总收入增加都是 2012 年至 2015 年的数倍。并且这一明显变化是农户的自身创收能力提高带来的。

为了解收入水平的提升是否伴随着家庭收入结构的变化，以及新的收入结构与之前的收入结构相比有什么新特征，参考国家统计年鉴中的分类方法，把调查中计算总收入的细项收入分成七个大类，分别对七大类收入项的年度收入金额和占家庭总收入比例进行计算，然后前后比较以分析其变化和特征。农户为了获得一定的收入，试图尝试多样化的生计策略，而其结果又以经常性资金流入的形式构成农户的金融资本。不难看出，以收入为纽带，金融资本与生计策略存在着千丝万缕的联系。

表 4-4 结果显示，大农业收入占比微弱增加，但仍是主要的收入来源，原因在于国家持续加大对农村地区的投入力度，完善各种补贴政策，建立健全农村地区的社会保障制度，尤其是贫困地区在国家扶贫开发政策的支持下，农户的生产生活得到一定的保障。经营性收入从 2015 年到 2018 年占比有所下降。零工收入的占比在不断增加，从 2015 年到 2018 年增加比例是 2012 年到 2015 年增加比例的 3.68 倍，究其原因是快速发展的县城以及乡镇急需大批工人，农户为了获得更高的收入，选择打零工增加收入。工资性收入从 2012 年到 2015 年占比降低了 8.20%，从 2015 年到 2018 年回升了 1.27%。与工资性收入相似的是财产性收入从 2012 年到 2015 年降低了 3.96%，从 2015 年到 2018 年增加了 1.35%。整体而言，样本农户的家庭收入结构在这两个三年间变化均较小，收入结构较为稳定，各项收入也都稳步增长，维持了相同的收入结构。

表 4–4 样本农户的收入结构

收入类型	2012 年			2015 年			2018 年		
	占比（%）	均值（元）	标准差	占比（%）	均值（元）	标准差	占比（%）	均值（元）	标准差
大农业	25.95	4 951.63	22 289.60	26.05	5 766.83	36 679.28	27.42	10 190.40	138 538.30
经营收入	10.46	1 996.01	14 235.19	12.96	2 868.93	25 104.29	9.78	3 634.34	30 428.49
零工收入	18.42	3 514.74	9 487.75	19.17	4 243.34	26 456.14	21.93	8 150.21	31 253.31
工资性收入	26.32	5 022.53	24 316.97	18.12	4 012.61	13 785.29	20.39	7 577.41	20 400.78
政府补贴收入	5.31	1 014.12	3 319.19	10.09	2 234.62	6 178.58	10.46	3 887.73	9 331.80
财产性收入	6.21	1 185.55	16 829.74	2.25	498.93	4 004.96	3.60	1 339.15	18 955.45
社会转移收入	7.32	1 397.25	5 299.34	11.36	2 515.48	17 647.24	6.42	2 384.63	30 410.77

注：本表中七种细分收入均由调查中户主汇报的所含细项收入加总所得。其中“占比”表示收入均值占对应年份总收入均值的比例。

4.2 支　　出

通过消费可以透视家庭的生活水平，消费意愿还能体现家庭对未来经济环境景气度的期望水平。农户消费能力不断加强，这表明贫困地区居民的生活水平有较大提升，对商品和服务的需求能力有所增强，消费能力的提升也会带动当地的经济发展。而且农户支出结构的变化进一步体现了生活质量水平的变化。

4.2.1 样本农户支出总量

对样本农户家庭各细项家庭支出进行汇总，计算得到其家庭支出的相关情况，样本农户支出大幅增加。表 4–5 结果显示，从 2010 年到 2012 年，家庭总支出增加 4 422.54 元，平均每年增加比例为 10.90%；从 2012 年到 2015 年增加 9 847.94 元，平均每年增加比例为 13.29%；从 2015 年到 2018 年增加 4 199.53 元，平均每年增加比例为 4.05%。同样使用家庭总支出除以家庭总人口数，得到家庭人均总支出。家庭人均总支出在三个阶段的每年平均变化率分别为 14.37%、10.29% 和 4.28%，与家庭总支出相似。

表 4–5　样本农户支出整体情况

年份	总支出		家庭人均总支出	
	均值（元）	标准差	均值（元）	标准差
2010	20 282.15	17 899.42	6 449.05	6 636.19
2012	24 704.69	20 187.17	8 301.95	8 982.21
2015	34 552.63	45 583.66	10 864.53	11 857.38
2018	38 752.16	33 805.93	12 258.37	10 529.20

数据来源：根据调研数据整理。

注：家庭总支出由八项细分支出类别加总所得，具体细分类别见支出结构表格。家庭人均总支出 = 总支出 / 家庭成员数量。

家庭支出的变化过程整体上是增加的，但是增加率在 2012—2018 年中的两个阶段要下降的，与该阶段收入增加率的增加是不匹配的。但并不能确定这一差异是由于作为消费者的农户的消费意愿不足，还是供给方在提供与农村家庭收入增长相匹配的消费市场过程中存在滞后性，或其他因素导致。

4.2.2 样本农户支出结构

就农户的支出结构进一步分析发现，食品烟酒、教育文化娱乐、医疗保健和其他用品及服务长期占据主要地位。比较特别的是生活用品及服务的0值比在2012—2015年经历了断崖式下降，此后其占比增加了3个百分点，与其他用品及服务结合来看，两种“用品及服务”类的支出在家庭支出中经历了从无到有，从有到多的过程，这可能体现了现代新农村家庭生活质量的提高。详见表4-6。

表4-6 样本农户支出结构

年份	支出类型	0值比（%）	占比（%）	均值（元）	标准差
2010	食品烟酒	0.00	43.33	8 787.80	9 568.47
	衣着	15.42	2.93	594.28	995.44
	居住	1.97	6.41	1 301.00	3 055.74
	生活用品及服务	68.71	0.36	73.21	420.13
	交通通信	7.60	5.93	1 202.92	1 607.60
	教育文化娱乐	46.56	12.63	2 562.57	5 505.77
	医疗保健	2.41	15.82	3 207.90	9 062.19
	其他用品及服务	5.26	12.58	2 552.48	4 299.53
年份	支出类型	0值比（%）	占比（%）	均值（元）	标准差
2012	食品烟酒	0.00	38.63	9 911.87	7 393.17
	衣着	13.34	4.08	1 047.65	4 035.35
	居住	4.08	10.08	2 586.66	3 945.48
	生活用品及服务	58.03	0.37	94.96	378.94
	交通通信	3.24	6.26	1 606.61	2 212.63
	教育文化娱乐	48.06	13.12	3 366.79	8 669.24
	医疗保健	3.76	15.62	4 008.97	10 278.29
	其他用品及服务	11.66	11.83	3 035.50	5 304.93

续表

年份	支出类型	0值比（%）	占比（%）	均值（元）	标准差
2015	食品烟酒	0.00	35.24	12 178.72	13 199.24
	衣着	13.08	3.14	1 083.84	1 468.64
	居住	2.45	6.75	2 331.59	3 132.93
	生活用品及服务	0.39	2.87	991.81	1 354.94
	交通通信	1.42	5.87	2 028.13	4 136.30
	教育文化娱乐	49.48	13.26	4 582.17	36 206.07
	医疗保健	0.97	17.25	5 961.12	15 015.61
	其他用品及服务	3.99	15.64	5 406.65	10 016.68
年份	支出类型	0值比（%）	占比（%）	均值（元）	标准差
2018	食品烟酒	0.00	36.91	14 292.75	13 044.68
	衣着	11.79	3.34	1 292.97	1 909.79
	居住	0.20	7.20	2 788.56	5 440.80
	生活用品及服务	0.26	3.25	1 257.40	1 566.39
	交通通信	1.43	6.82	2 642.38	3 811.36
	教育文化娱乐	51.34	10.47	4 054.34	9 422.79
	医疗保健	4.76	14.37	5 563.58	14 020.97
	其他用品及服务	4.69	17.64	6 828.94	11 401.77

数据来源：根据调研数据整理。

注：表中“0值比”代表对应支出细分类别在过去一年为0的家庭占样本总体比例。“占比”表示对应细分。

另一个比较特别的是教育文化娱乐呈现比较明显的两极分化，要么彻底没有为0值，要么有则占据重要的家庭支出地位，这既体现了农村家庭对子女教育投入的重视，也体现了教育作为公共物品，但是其“附加消费”“影子消费”普遍存在。

结合家庭支出结构和实地调查的直观感受，一方面农村家庭的消费意愿较低，除了食、住、教育外，家庭的决策过程中偏向于长期维持低家庭消费，将额外的收入存起来为婚、丧、盖房三件大事做准备；另一方面农村商业环境较差。即使是支出占比最高的食品烟酒的支出，可供选择的商品或服务也相对城市而言极为缺乏。提高农村家庭支出水平可以促进农村经济繁荣，增加农村的社会和商业活力。为此，一方面需要加大新农村建设，改变农村长期以来保守的传统观念，减少婚、丧、盖房带来的经济负担；另一方面需要加大农村基础设施建设，抓住搬迁安置带来的集聚机遇，建设农村商业环境。抓住信息技术和电子商务的高速发展窗口期，扩大农村电子商务普及度。

5 食物安全、食物消费与营养

本章采用 2010—2018 年的 4 轮农户追踪调研数据描述农户食物安全、食物消费、营养摄入的变动情况。

5.1 食物安全

食物消费得分（FCS）是衡量家庭食物安全的常用指标，多年来被世界粮食计划署（WFP）等机构在发展中国家广泛使用。食物消费得分的数据获得和计算方法如下：在调研中每个农户都被问到在过去 7 天中各种食物的消费天数，分析的过程中，各种食物被分成了 8 个食物组（主粮、豆类、蔬菜、水果、肉类、奶类、食糖和油），进而计算出每个食物组的消费频次（以天数计），即为每个食物组的分值。将分值与根据 WFP 的营养标准赋予每个食物组的权重值相乘并求和，即可计算出每个农户的食物消费得分。根据食物消费得分的高低将每个农户划入相应的食物安全组别，分别是极度不安全（0～21 分）、临界不安全（21.5～35 分）以及食物安全（35 分以上）组。食物不安全是指农户的消费得分处在极度不安全和临界不安全的水平；食物安全是指农户的食物消费得分处在可接受的水平。多数食物不安全户属于临界不安全，极度不安全的农户比例较少。

样本农户 2010 年、2012 年、2015 年食物不安全比例为 15% 左右，2018 年大幅下降至 7.1%。分县来看，各县农户食物不安全状况变动趋势不完全一致。2012 年镇安县、洛南县食物不安全状况有所改善，武定、会泽、盘州食物不安全比重有所上升；2015 年镇安县、洛南县农户食物不安全户上升，云南及贵州四县食物安全状况有所改善；2018 年除云南的武定、会泽变化不大以外，其他四县食物安全状况均得到了显著的改善。详见图 5-1。

2010—2018 年，洛南县食物不安全比例下降幅度最大，虽然从 35.1% 下降为 18.4%，但仍为 6 县中食物不安全比重最高的县；镇安变化趋势与之类似，是 6 县中食物不安全比重次高的县；正安县食物不安全比重下降最为显著，由 2010 年的 18.0%，下降至 2018 年的不到 5%；2018 年 6 县中食物不安全比重最小的县是盘州，仅为 1.3%；会泽和武定波动趋势类似，食物不安全比重均在 5% 左右。详见图 5-1。

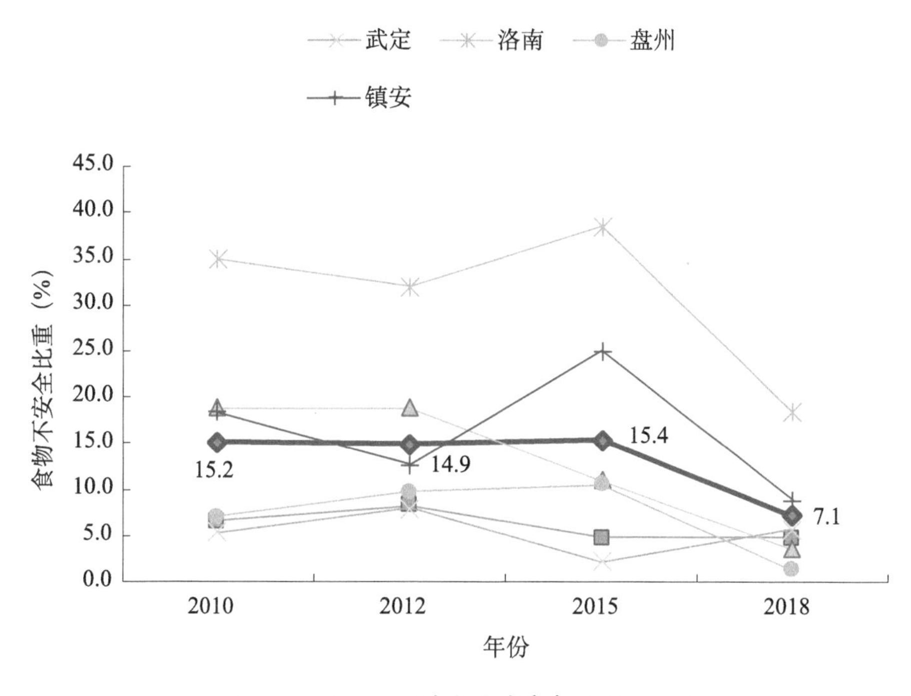

图5-1　2010—2018年样本农户食物不安全比重

从各类食物的消费频率来看，谷物消费频率已达到饱和状态且 4 年保持稳定；肉类消费频率整体呈上升趋势，2018 年达到峰值 1 周约 5.4 天可以食用肉类，但是陕西的镇安县和洛南县在 2015 年有所下降；奶类消费频率在 4 年中有波动，但是总体上维持在较低的水平，1 周仅 1 天的消费频率；豆类消费频率基本处于下降趋势，2018 年为 3.4 天；蔬菜和食用油消费频率稳中略降，但是整体上保持着相对较高的 6 天以上的消费频率；水果消费频率整体略低，4 年中略有上升，但仍达不到 3 天的频率；糖的消费频率整体呈下降趋势，其中镇安县和洛南县在 2015 年有较大降幅，2018 年又大幅回升。详见表 5-1。

表 5-1　2010—2018 年各县食物消费频率与食物消费得分

	项目	年份	谷物	肉类	奶类	豆类	蔬菜	油	水果	食糖	平均食物消费得分
	消费得分权重	2010—2018	2	4	1	3	1	0.5	1	0.5	
每周食物消费天数	整体	2010	7.0	4.2	0.9	3.3	6.6	6.9	1.9	1.8	57.2
		2012	7.0	4.5	0.9	3.0	6.5	6.8	2.2	1.5	57.3
		2015	7.0	4.5	0.8	2.9	6.3	6.8	2.3	0.9	56.3
		2018	7.0	5.4	1.0	3.4	6.5	6.8	2.9	1.2	63.3
	会泽	2010	7.0	5.2	0.4	4.2	6.4	6.9	3.4	1.1	63.0
		2012	7.0	5.4	0.2	3.1	6.3	6.6	2.6	0.7	57.9
		2015	7.0	5.7	0.8	3.3	6.3	7.0	3.0	0.7	63.1
		2018	7.0	6.0	0.5	3.3	6.4	6.8	3.0	0.8	63.0
	正安	2010	7.0	4.2	0.5	2.7	6.8	6.9	0.7	0.7	52.2
		2012	7.0	4.4	0.6	2.5	6.7	7.0	1.7	0.7	53.4
		2015	7.0	5.0	0.7	2.7	6.6	6.9	2.0	0.4	56.8
		2018	7.0	5.9	0.8	3.0	6.5	6.8	2.0	0.7	62.9
	武定	2010	7.0	5.2	0.9	3.9	6.0	6.8	3.4	2.2	64.0
		2012	7.0	5.5	0.9	3.6	6.2	6.8	2.9	1.8	63.8
		2015	7.0	6.2	0.7	3.0	6.3	6.7	3.2	1.3	63.7
		2018	7.0	6.2	1.0	3.4	6.0	6.7	3.5	1.2	66.4
	洛南	2010	7.0	2.3	1.4	1.5	6.7	6.9	1.1	3.3	46.4
		2012	7.0	2.6	1.2	2.0	6.8	6.9	2.5	1.4	48.1
		2015	7.0	1.9	1.0	2.1	6.3	6.9	1.3	1.1	44.0
		2018	7.0	3.1	1.3	3.4	6.7	6.4	1.8	1.7	55.3

续表

	项目	年份	谷物	肉类	奶类	豆类	蔬菜	油	水果	食糖	平均食物消费得分
每周食物消费天数	盘州	2010	7.0	4.3	0.3	4.8	6.8	6.8	1.8	0.8	59.3
		2012	7.0	4.6	0.6	4.1	6.4	6.7	2.7	0.8	59.9
		2015	7.0	5.0	0.5	3.3	6.1	6.9	2.7	0.6	58.0
		2018	7.0	6.5	0.9	3.8	6.7	6.8	3.6	0.8	68.8
	镇安	2010	7.0	4.2	1.6	2.8	6.7	7.0	1.2	2.7	58.4
		2012	7.0	4.3	1.7	2.9	6.8	7.0	1.7	0.7	60.4
		2015	7.0	3.4	1.2	3.0	6.0	6.9	2.0	0.4	52.5
		2018	7.0	4.7	1.7	3.6	6.6	6.8	2.6	0.7	63.7

数据来源：根据调研数据整理。

5.2 食物消费

5.2.1 食物消费支出

食物消费支出是通过调研问卷询问受访农户回顾过去30天的消费支出，食物支出是食物安全分析的重要指标，用消费支出可以反映农户日常食物消费情况。就样本农户2012年、2015年、2018年各类食物支出来看（图5-2），谷物支出占比最大，谷物支出份额总体呈下降趋势，但2018年谷物支出占比仍最高为24.3%；肉类、蛋类、乳制品食物消费支出比例趋于增加，但是蛋类和乳制品各自支出份额不足3%。水果、蔬菜支出占比有所波动，2015年样本水果支出比重最小仅为0.5%，但2018年扩大了约10倍；蔬菜支出份额在2012年之后增长5个百分点之后波动不大。豆类、薯类及水产类消费支出趋于稳定，但所占食物支出份额都较小，水产类食物消费较低不足1%。油、调料等食物消费支出比重趋于下降，而其他食物和在外饮食的支出份额有所增长。谷物消费支出比例大，而蛋奶、水产及水果支出份额小，一方面与地区的饮食习惯有关；另一方面受农户收入和地区经济发展状况的影响。

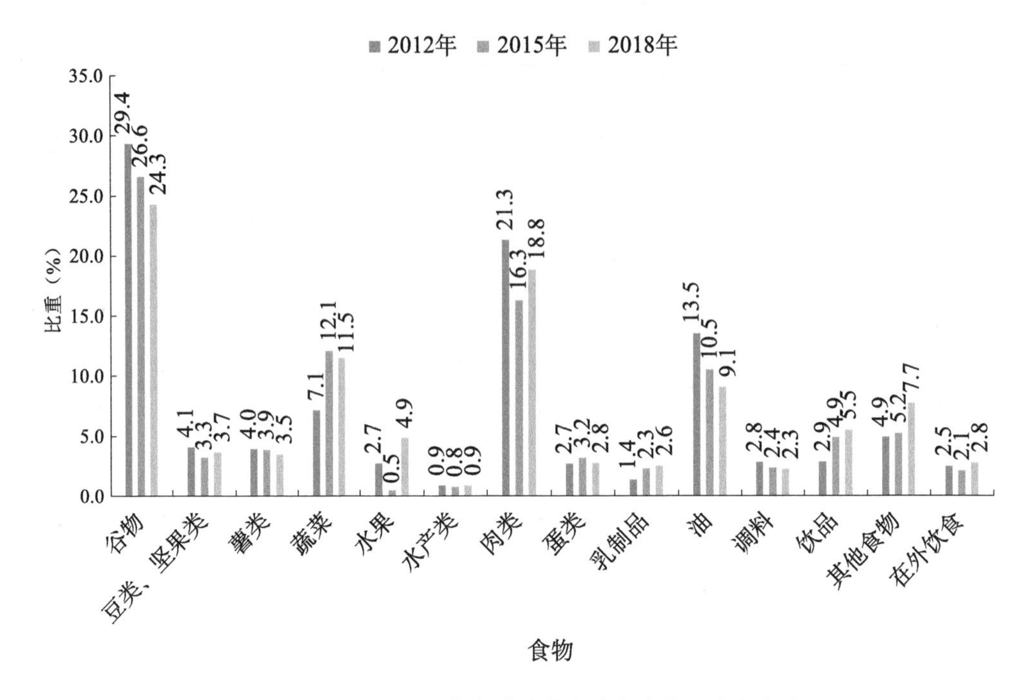

图5-2　2012—2018年各类食物支出占食物总支出比重

食物来源方面，2012—2018 年样本农户的食物消费模式逐渐从自给自足更多地转向现金购买（图 5-3）。样本农户消费的食物中，奶类、水产类、水果、油脂类、豆类、蛋类的消费主要来自购买，2018 年奶类、水果、水产类的消费来自于购买的比例高达 98.4%、92.8%、90.3%，其次是豆类坚果类、油脂类，比重分别高达 85.2%、76.6%，肉类、蛋类购买的比重也超过 60%。蔬菜、薯类、谷物则更多地源于自产，2018 年过半的农户蔬菜消费都源于自产；薯类自产的比例也接近 50%，但比 2015 年减少了 13 个百分点；谷物自产比例 36.7%，与 2012 年相比下降了近 1/5。

6 县平均现金支出占食物支出比例总体呈上升趋势，从 2012 年 49.6% 增加至 65.1%，增加了近 15 个百分点。分县来看，2018 年，各县食物消费现金支出份额均达到了 50% 以上，其中洛南县比重最低仅为 55.6%，且较 2015 年下降了 11 个百分点；除洛南县以外，各县食物消费现金支出的份额不断加大，正安、盘州、镇安都达到了 70% 以上，盘州食物支出中现金支出的比重最高近 80%；武定、会泽分别为 60.0%、62.8%（图 5-4）。由此可以看出，农户的食物消费模式逐渐转向现金支出为主。

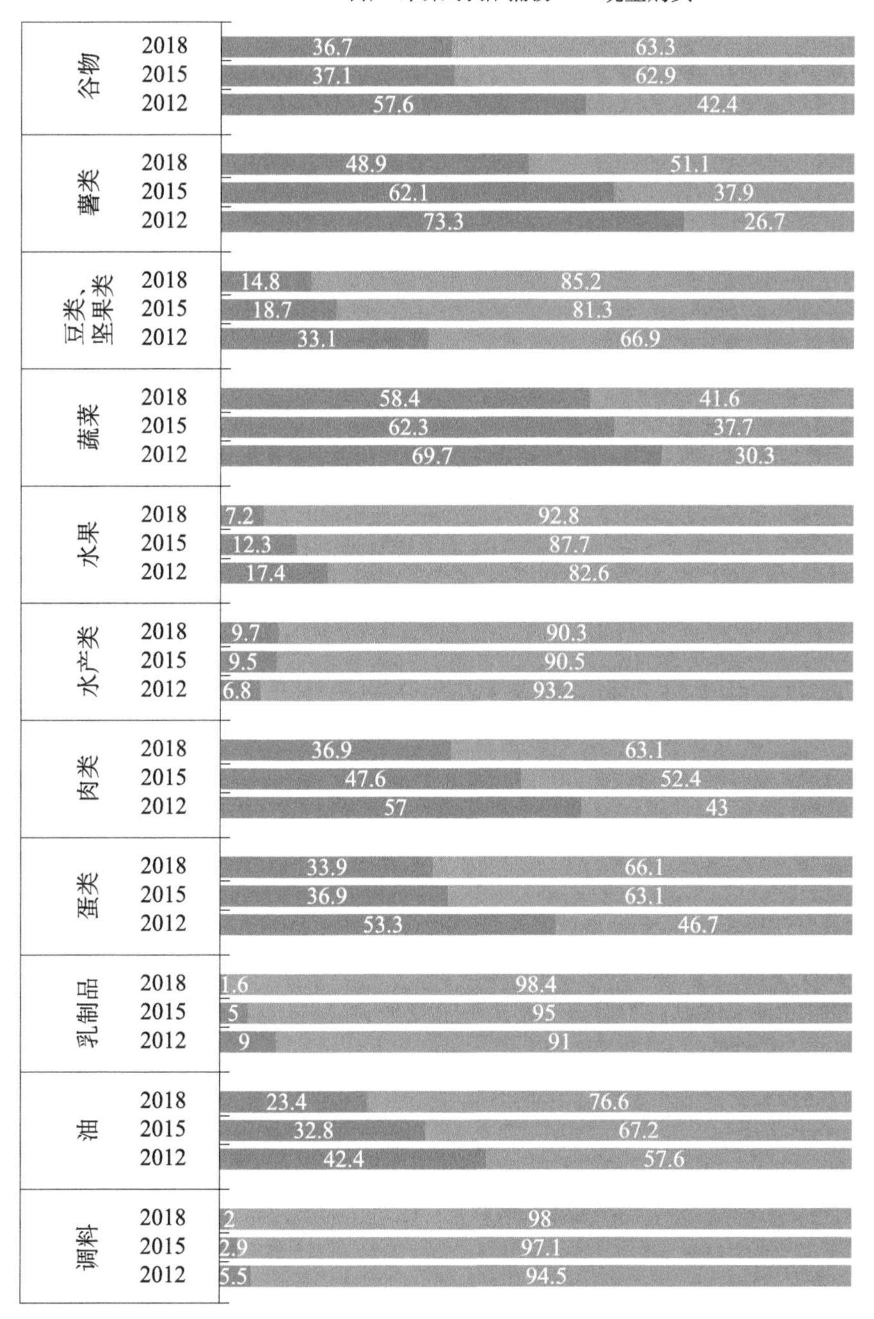

图5-3 2012—2018年各类食物消费来源变化

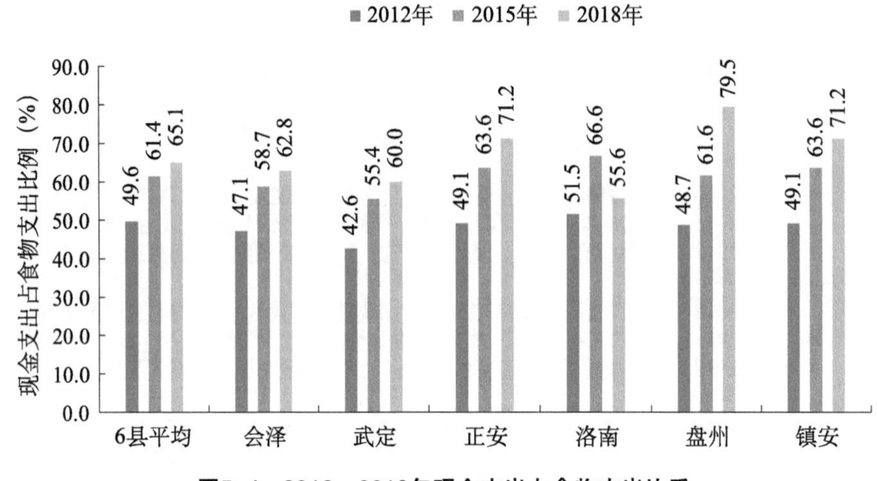

图5-4　2012—2018年现金支出占食物支出比重

通过图 5-5 可以看出各类食物现金支出占比的变化。整体来看，农户食物现金支出主要用于谷物、肉类和油脂的购买，肉类现金支出占比不断增大，而谷物和油脂的现金购买比例有所下降；水产类、薯类、蛋类及乳制品现金购买量较少，尤其是水产类现金支出份额不断减少；水果、蔬菜消费现金支出比例相当，趋于上升趋势；其他食物现金购买支出在 2018 年显著增加，而外出就餐的现金支出比例趋于平稳。

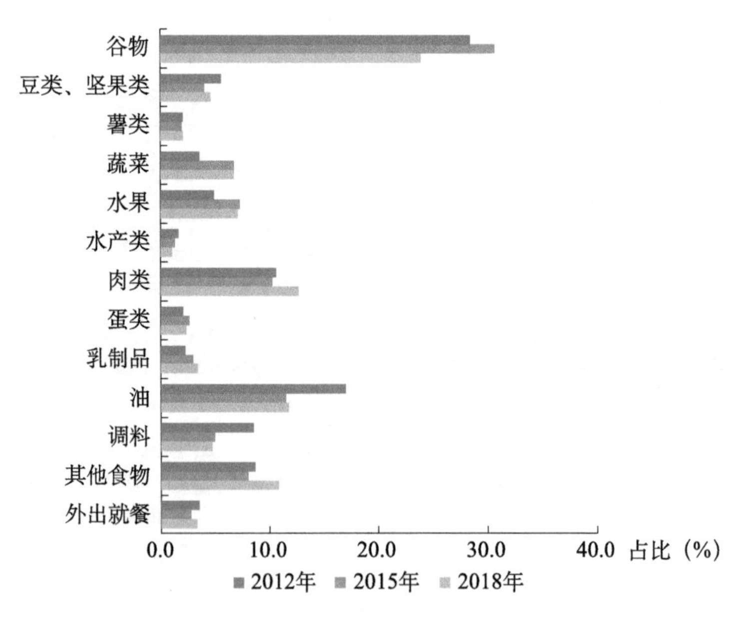

图5-5　2012—2018年各类食物现金支出占比

5.2.2 食物消费量

食物多样性是测度农户食物安全的另一项重要指标，因此在衡量农户食物营养消费量是否达标之前，首先考察农户食物消费种类的变化。1997 年 7 月，中国营养学会紧密结合中国居民膳食消费和营养状况的实际情况，制定并发布了《中国居民膳食指南》，并对此进行多次修订，最新版于 2016 年 5 月发布。平衡膳食宝塔是膳食指南中的核心内容，它从营养的角度出发，把平衡膳食原则转化成各类食物的摄入量，旨在指导人们在日常生活中食物消费。膳食宝塔按食物的营养功能将各种食物划分为五层，第一层为谷物薯类及杂豆，第二层为蔬菜和水果，第三层为鱼、禽、肉、蛋等动物性食物，第四层为奶类和大豆类及坚果，第五层为食用油。膳食宝塔中建议一般轻体力劳动者每天需摄入全部五层约 12 种食物，才能基本保证平衡膳食的要求（中国营养学会，2016）。

极少比例的农户消费过水产类和乳制品。农户调研问卷中对于食物消费的回顾时间为过去 30 天①，图 5-6 表示农户消费过各类食物的比例，最新数据显示消费水产类食物的农户比例最小，仅占总农户的 19.1%；其次是乳制品，占比 21.1%；超过 70% 的样本农户消费过蛋类占比 70.7%；消费过水果、肉类、豆类及坚果类食物的农户超过了 80%。

2012 到 2018 年，农户消费的食物种类有所增加，尤其是水果类、蛋类显著增加，分别增加了 24.8 个百分点和 9.7 个百分点，消费蔬菜、肉类、水产品、乳制品的农户比例分别增加 6.1 个百分点、5.5 个百分点、4.4 个百分点和 3.5 个百分点。详见图 5-6。

食物消费的调查以农户为单位，为了采用膳食宝塔的推荐标准衡量食物消费水平和结构，需将每个农户的食物总摄入量折算成每标准人②食物摄入量。将

① 对于食物消费及营养问题的调查，常用的回顾期有过去 24 小时、过去 3 天、过去 7 天、过去 30 天。研究者往往根据研究目的的侧重来选择调查的回顾期。贫困地区的食物消费种类较为单一，考虑到若回顾周期过短，很可能会低估农户的食物消费状况，选用过去 30 天作为回顾期，可以尽量全面地包含农户平时消费的食物。另外，研究还需要估算农户全年的食物消费支出，若回顾期过短，则会引起较大的误差。综合考虑，本研究选用过去 30 天作为食物消费调查的回顾期。

② 标准人是指 18 岁从事极轻体力活动的成年男子。由于不同年龄、性别、体重的人对能量的需求不同，因此按照《中国居民膳食营养素参考摄入量表（Dietary Reference Intakes，简称 DRIs）》将每个农户家庭成员折算成标准人。

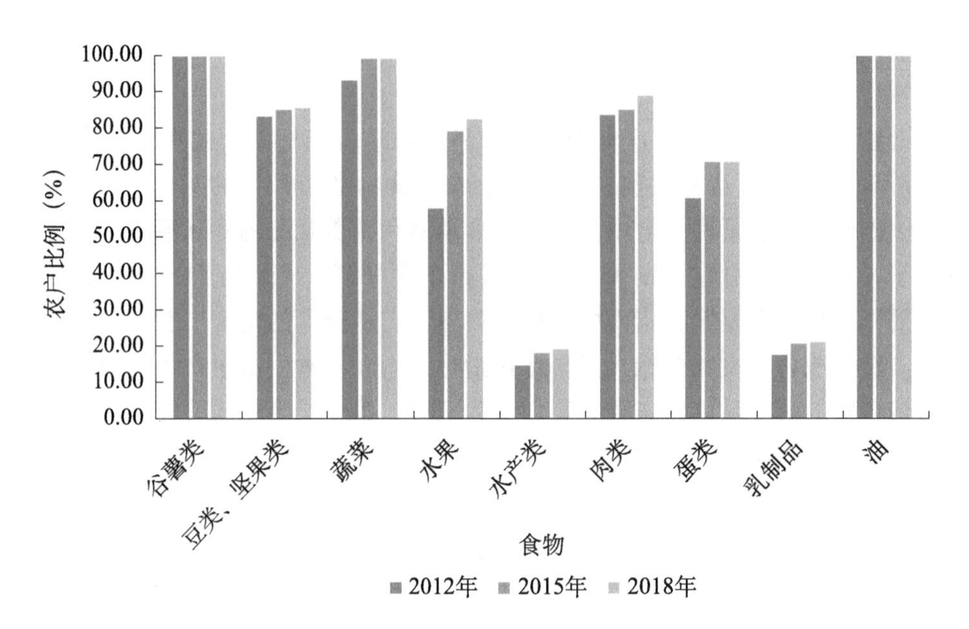

图5-6　过去30天消费各种食物的农户比例

样本农户各类食物的平均摄入量与推荐标准比较，发现乳制品、水产类的消费量均远未达到推荐标准，分别仅为推荐量下限的 5.3%、16.5%。蛋类、水果的消费量分别为推荐量下限的 54.3%、66.2%。蔬菜、豆类及坚果类、畜禽肉类的消费量已达到推荐标准，而谷物薯类和食用油脂已远超出推荐标准（表 5-2）。2018 年，76.1% 的农户食用油消费已高于推荐值上限，67.2% 的农户谷物消费高于推荐值上限。

食物摄入量低于推荐值下限的农户比例之高凸显出了食物摄入均值无法反映出的问题。超过九成农户乳制品、水产品摄入量低于推荐值下限，比例分别高达 99.4%、94.6%；蛋类、水果类、豆类及坚果类摄入量不足的农户比例也分别达 74.5%、71.7%、58.7%，蔬菜、畜禽肉类摄入量不足的农户分别达 44.0%、32.6%。食物摄入不足农户比例高意味着农户间食物消费水平差距大。详见表 5-2。

蔬菜、水果、豆类及坚果消费量显著增加，分别从 2012 年的每标准人 · 天 197.4 克、59.1 克、17.7 克增至 2018 年的 301.6 克、132.4 克、36.5 克，低于推荐值下限农户比例也显著降低。详见表 5-2。

表 5-2 各种食物摄入量与膳食宝塔推荐量的比较

项目	食物类别	推荐量［克 /（标准人・天）］	样本量摄入量［克 /（标准人・天）］			低于推荐值下限的农户比例（%）			高于推荐值上限的农户比例（%）		
			2012 年	2015 年	2018 年	2012 年	2015 年	2018 年	2012 年	2015 年	2018 年
第一层	谷物薯类	250～400	651.3	652.0	655.8	5.6	6.8	8.4	73.8	70.5	67.2
第二层	蔬菜	300～500	197.4	323.4	301.6	79.7	58.4	44.0	9.5	15.6	14.7
	水果	200～400	59.1	129.7	132.4	91.9	85.9	71.7	11.4	13.6	22.2
第三层	水产类	40～75	6.2	6.5	6.6	92.9	94.6	94.6	1.8	5.3	5.6
	肉类	40～75	77.7	75.1	89.4	35.2	37.5	32.6	1.7	1.8	1.5
	蛋类	40～50	20.0	22.4	21.7	84.6	79.4	74.5	9.3	8.9	9.1
第四层	奶类	300	13.9	14.0	15.8	99.5	99.5	99.4	0.5	0.5	0.60
	豆类、坚果类	25～35	17.7	34.2	36.5	69.2	62.8	58.7	15.6	30.2	35.6
第五层	油脂	25～30	58.3	59.3	61.3	16.3	16.8	17.4	76.5	75.7	76.1

数据来源：根据调研数据整理。

谷物消费量高，水产类、乳制品类、水果的消费量低是多种因素共同作用的结果。一方面受人们多年以来所养成的饮食习惯的影响，另一方面也与农户的收入水平、地区经济发展水平等因素有关。Gale et al.（2007）认为随着家庭收入的增加，“含淀粉主食比例”下降，这表明饮食模式发生了变化，谷物类食物摄入量变少，转向动物源性食物和水果蔬菜等高价值食物。然而城乡之间、不同收入水平农户之间的食物消费结构差异大，例如高收入组的禽类消费是低收入组的2倍。Jensen et al.（2008）也发现中国低收入农户的食物消费水平低、消费结构有待改善，谷物占比大而动物性食物占比不足。

表5-3呈现了2012—2018年不同收入水平农户各种食物摄入量。经计算，2018年样本农户的人均纯收入与水产类、奶类、水果的每标准人日消费量均呈极显著的正相关关系。高收入组农户的高价值食物的消费量最高，水产类、水果类、肉类、蛋类、乳制品类尤为明显，摄入量随收入的升高而增加。

薯类、豆类和坚果类等食物低收入组消费量增加，而中收入和高收入组此类食物消费量降低；蔬菜、水果的消费量均显著增加；只有高收入农户水产类和乳制品等食物摄入量有所改善，低收入和中收入消费量变化幅度较小；肉类和蛋类等食物消费量均显著增加；油脂消费量几乎不变。详见表5-3。

表5-3 2012年、2015年、2018年不同收入水平农户各种食物摄入量

［单位：克/（标准人·天）］

组别	年份	谷薯类	豆类、坚果类	蔬菜	水果	水产类	肉类	蛋类	奶类	油脂
低收入组	2012	740.8	63.6	190.6	29.6	1.6	58.1	15.0	5.9	56.3
	2015	754.6	42.9	322.6	70.7	1.7	57.9	16.3	4.1	55.9
	2018	804.7	64.4	335.7	110.0	1.7	62.2	21.3	11.0	66.3
较低收入组	2012	715.2	73.9	207.7	52.8	4.7	58.4	19.0	11.5	59.0
	2015	699.2	60.5	294.1	117.6	3.9	50.5	22.5	16.3	58.3
	2018	747.5	90.4	315.5	117.0	2.6	70.4	23.1	12.9	61.7
中等收入组	2012	692.0	82.9	214.2	56.0	5.1	71.7	20.9	15.1	60.6
	2015	675.1	61.9	335.0	120.3	7.4	70.5	25.0	14.5	67.6
	2018	673.3	63.2	310.0	131.9	4.5	90.8	23.7	13.1	59.0

续表

组别	年份	谷薯类	豆类、坚果类	蔬菜	水果	水产类	肉类	蛋类	奶类	油脂
较高收入组	2012	623.3	79.6	173.9	66.5	6.0	86.2	21.1	14.8	56.8
	2015	665.2	67.7	331.8	141.6	7.0	82.4	24.0	14.9	58.3
	2018	616.2	73.7	304.9	146.9	8.9	112.2	20.2	18.8	62.1
高收入组	2012	523.9	74.0	201.6	81.8	11.9	105.1	22.4	19.8	58.6
	2015	501.5	62.2	329.6	181.7	11.1	105.6	23.1	18.3	56.2
	2018	491.5	65.4	254.4	148.5	13.0	102.6	20.5	21.4	58.3

数据来源：根据调研数据整理。

5.3 营养摄入

本部分将食物消费量换算成能量及蛋白质的摄入量，以更准确地考察农户的营养摄入状况。将食物消费量转化为能量摄入量所用到的工具是食物成分表（Food Composition Table，FCT），由于地理差异，各国的食物成分表有所不同，本研究采用由中国疾病预防控制中心营养与食品安全所研究制定的《中国食物成分表》进行能量换算。在测算出能量、蛋白质的摄入后，需要设定一个标准，用以判断农户是否摄入足量的营养素，或者说用以分析有多少农户、有哪些类型的农户面临营养缺乏的问题，他们是如何分布的。具体的设定标准如下。

- 能量标准

能量摄取水平被视为一个重要的衡量食物安全状况的指标，在国际上也被广泛使用，但不同的机构制定的能量标准也不尽相同。联合国粮农组织（FAO）用每人每天最小能量需求量（Minimum Daily Energy Requirement，MDER）来估计营养不良（Undernourishment or Chronic Hunger）人口的比例。FAO 认为人均 MDER 大约为 1 800 千卡，但每个人每天所需的能量还与个人的年龄、性别、体重、活动量以及所处地区等因素有关。FAO 每年都会测算各国的 MDER，FAO（2016）测算中国 2014—2016 年的 MDER 为人均 1 901 千卡 / 天，因此本研究以 FAO 测算的 1 901 千卡 / 天为标准来判断农户能量摄入是否满足标准。

● 蛋白质标准

《中国居民膳食营养素参考摄入量表（DRIs）》为不同年龄段、不同性别人群制定了蛋白质的平均需要量（EAR）。EAR 可用于评价群体的膳食摄入量，或判断个体某营养素摄入量不足的可能性。每标准人日的蛋白质平均需要量（EAR）为 60 克。本研究考察农户蛋白质摄入是否足够的标准为每标准·天蛋白质摄入量是否达到 60 克。

能量摄入

2018 年调研农户每标准人日平均能量摄入为 2 842.6 千卡，较 2015 年有所增加。能量摄入均值呈现出相对明显的地域特征，即陕西省 2 县最高，云南省 2 县其次，贵州省 2 县最低。其中陕西的镇安、洛南县分别达 3 007.4 千卡、2 942.3 千卡。贵州省盘州的能量摄入量最低，为 2 491.0 千卡。

能量摄入均值升高。将 2012 年、2015 年和 2018 年的能量摄入均值进行比较，发现 2018 年比 2012 年每标准人·天的 2 661.4 千卡升高 181.2 千卡（图 5-7）。

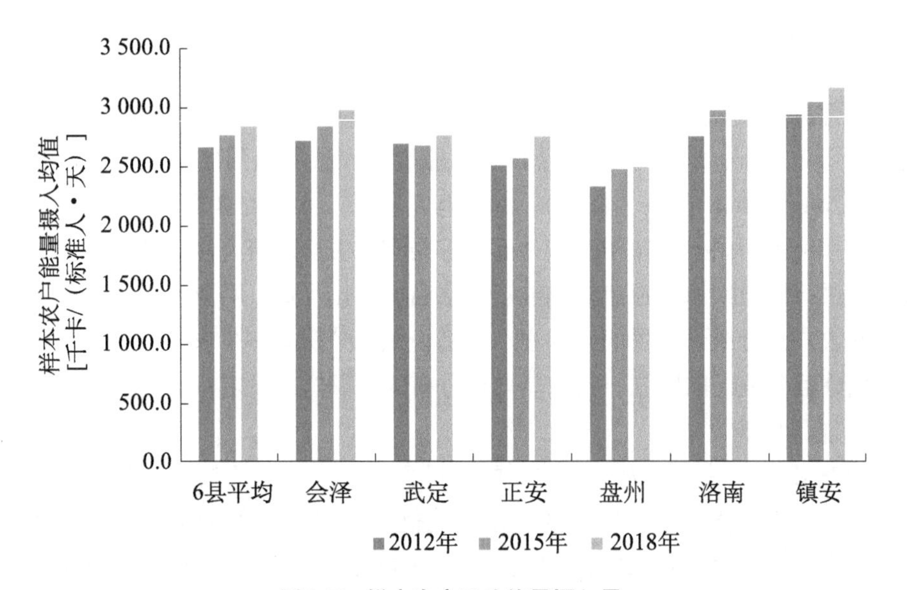

图5-7　样本农户平均能量摄入量

蛋白质摄入

由于 2010—2012 年调研中只统计了 24 类食物，无法准确计算出蛋白质摄入量，而 2015—2018 年问卷中将食物种类细化补充为 180 种，因此我们仅比较 2015—2018 年农户蛋白质摄入情况。2018 年，调研农户每标准人日平均蛋白质摄入为 74.0 克，蛋白质摄入不足农户比例为 30.7%。蛋白质摄入水平的地域差异与能量摄入呈现出相同的趋势，即陕西省 2 县最高，云南省 2 县其次，贵州省 2 县最低。贵州省正安县蛋白质摄入状况最差，高达 40.2% 的农户蛋白质摄入不足，其次是盘州 36.5% 的农户蛋白质摄入不足，其余 4 个县蛋白质摄入不足的农户比例较低的是武定 24.2% 和洛南 21.6%。样本农户平均蛋白质摄入量［克/（标准人・天）］（图 5-8）。

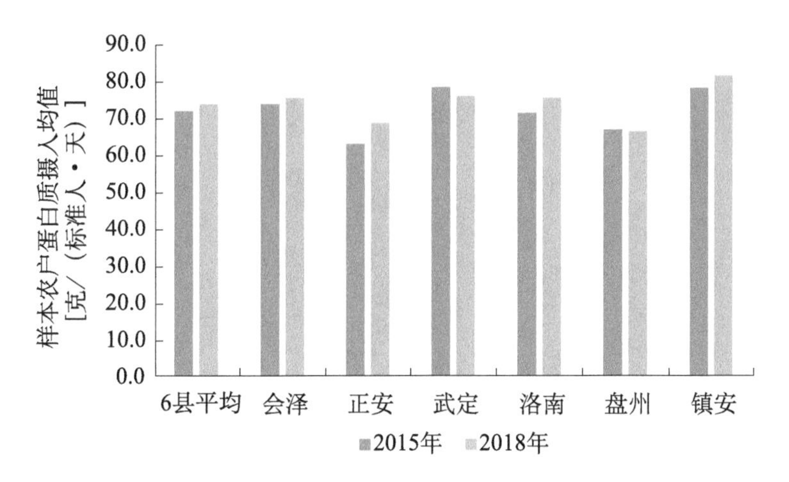

图5-8 样本农户平均蛋白质摄入量

蛋白质摄入均值较 2015 年有所上升，蛋白质摄入不足农户比例减少。自 2015 年实施精准扶贫以来，农户蛋白质摄入量有所改善。蛋白质摄入不足农户比例也由 2015 年的 33.6% 减至 30.7%（图 5-9）。

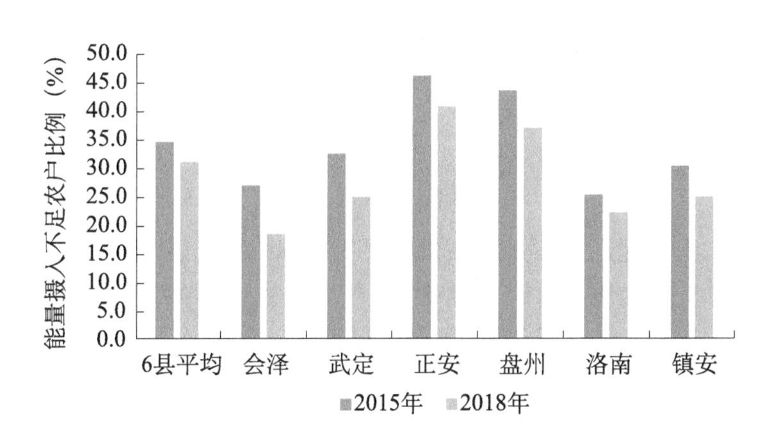

图5-9 蛋白质摄入不足农户比例

谷薯类是样本农户最主要的蛋白质来源（图 5-10、图 5-11），肉类来源蛋白质摄入量增加。虽然肉类、豆类以及坚果类食品的蛋白质含量较高，蛋白质质量较优，但由于消费量有限，样本农户最主要的蛋白质来源是谷薯类。2018 年，样本农户摄入蛋白质的 54.8% 来源于谷薯类，其次是畜禽肉类（16.1%）、豆类及坚果类（9.8%）（图 5-11）。谷薯类和豆类来源的蛋白质摄入量下降，但是样本农户肉类来源的蛋白质比例增加，2018 年较 2015 年增加了 3 个百分点，肉类的蛋白质含量较高，蛋白质质量较优，其他来源的蛋白质比例几乎不变。

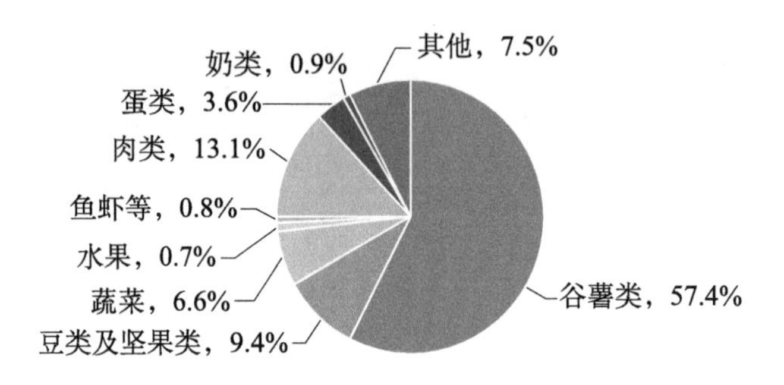

图5-10　2015年样本农户蛋白质来源比例

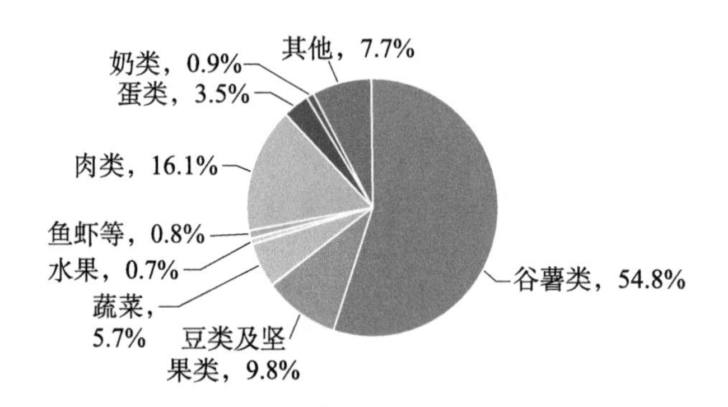

图5-11　2018年样本农户蛋白质来源比例

优质蛋白摄入量严重不足。在蛋白质质量方面，优质蛋白摄入比例是较为常用的衡量指标。优质蛋白的食物来源主要为动物性食物和豆类食物。《中国居民膳食指南》中指出，优质蛋白的比例应为 60%～70%。2002 年的全国营养调查中，农村居民优质蛋白摄入水平仅为 28.6%，不及推荐值下限的一半。2018 年，样本农户优质蛋白摄入比例为 31.0%，但各县水平有较为明显的差异（表 5-4）。陕西洛南县虽然蛋白质平均摄入量较高，但优质蛋白的摄入水平最低，仅为 16.9%。云南省的武定、贵州盘州两县优质蛋白摄入比例相对较高，分别达 38.9%、36.7%。总体而言，样本农户优质蛋白摄入比例上升，由 2015 年的 27.8% 提高至 2018 年的 31%。

表 5-4 2015—2018 年各县优质蛋白摄入比例 （单位：%）

年份	项目	6 县平均	会泽	正安	武定	洛南	盘州	镇安
2015	豆类	9.4	11.6	7.0	11.7	5.5	9.7	11.0
	动物性食物	18.3	22.5	17.6	27.0	8.5	20.8	13.6
	合计	27.8	34.1	24.7	38.8	14.0	30.5	24.6
2018	豆类	9.8	9.4	8.4	11.7	7.9	9.7	11.5
	动物性食物	21.2	24.9	22.6	27.2	8.9	27.1	16.6
	合计	31.0	34.3	31.1	38.9	16.9	36.7	28.0

数据来源：根据调研数据整理。

随着脱贫攻坚工作的开展，样本农户总体食物安全、食物消费与营养摄入情况有所改善，食物不安全农户大幅减少，能量、蛋白质摄入不足农户比例下降，但消费结构亟待改善。样本农户食物消费种类仍较为单一，乳制品、水产类的消费量严重不足，蔬菜、豆类及坚果类、畜禽肉类的消费量接近推荐标准，谷物和食用油已远超出推荐标准。农户逐渐从自给自足转向依赖于市场购买，因此收入对食物消费有正向促进作用，收入水平高的农户，各类食物消费量高，动物性食物尤为明显，提高可支配收入、防止食物价格剧烈波动对改善贫困县农户食物消费水平意义重大。样本农户营养状况得到了改善，农户能量摄入 2018 年比 2012 年每标准人・天的 2 661.4 千卡升高了 181.2 千卡，2018 年农户蛋白质摄入量增加了 1.9 克。蛋白质的食物来源主要为谷薯类（57.4%），优质蛋白摄入比例有所改善（从 2015 年的 27.8% 增至 2018 年的 31.0%），因此还需要努力增加贫困地区农户肉、蛋、奶等蛋白质含量高的动物性食物的消费。

第三篇

减贫进程中农户生计策略的改变

6 农业生产

6.1 样本村农业产业结构的变化

2012—2018 年，主粮作物和经济作物结构调整的样本村比重显著增加。 2010—2012 年，样本村主粮作物和经济作物几乎没有调整。2012—2018 年，样本 6 县中，出现过主粮调整的样本村占比为 49%，其中调整 2 次的村占比为 10.8%。经济作物的调整更为频繁，81.6% 的样本村出现过结构调整，其中调整 2 次的村的占比达到了 57.1%。发展特色产业是激活贫困地区内生动力的关键之举，结果直接表现为贫困地区不断作出农业结构调整，但作物之间存在差异。一般地，农作物种植结构受自然资源禀赋和自食消费制约，变动不大，尤其主粮作物变化更小；但是经济作物却一是容易调整，二是调整后收益较大，这直接反映为贫困地区经济作物较大的结构调整实情。

分地区来看，主粮作物方面，云南省和陕西省出现主粮作物调整样本村的比重要高于贵州省。其中，云南武定和陕西主粮作物结构出现调整的（包括调整 1 次和调整 2 次）的样本村比重高达 61.1%，贵州正安样本村中主粮作物结构出现调整的比例为 31.2%。经济作物方面，贵州省和陕西省经济作物调整样本村的比重明显高于云南省。其中，陕西洛南县全部样本村均调整过经济作物品种，调整过 2 次的占 94.7%；陕西镇安县调整过 2 次经济作物的比例高达 77.8%；贵州盘州市经济作物调整比重达到 87.5%，调整过 2 次经济作物的比例高达 75.0%（表 6-1）。

表 6-1　2012—2018 年农作物结构调整样本村情况　　（单位：%）

县名	2012—2018 年主粮作物调整比重			2012—2018 年经济作物调整比重		
	未调整	调整 1 次	调整 2 次	未调整	调整 1 次	调整 2 次
样本 6 县	51.0	38.2	10.8	18.4	24.5	57.1

续表

县名	2012—2018年主粮作物调整比重			2012—2018年经济作物调整比重		
	未调整	调整1次	调整2次	未调整	调整1次	调整2次
贵州盘州	40.0	53.3	6.7	12.5	12.5	75.0
贵州正安	68.8	18.8	12.5	26.7	46.7	26.7
云南武定	38.9	50.0	11.1	46.7	46.7	6.7
云南会泽	56.3	18.8	25.0	20.0	33.3	46.7
陕西镇安	38.9	55.6	5.6	11.1	11.1	77.8
陕西洛南	63.2	31.6	5.3	0.0	5.3	94.7

数据来源：根据调研数据整理。

从粮食作物变化情况来看，2012—2018年，主粮作物调整的样本村比重显著增加，粮食作物由谷类作物调整为薯类作物和豆类作物（表6-2）。2010—2012年，样本村主粮作物和经济作物几乎没有调整。样本地区的主要粮食作物是玉米和小麦，近年来，受玉米临储政策取消的冲击，玉米价格低迷，贵州盘州、云南会泽增加了马铃薯种植，陕西洛南则增加了大豆种植。

表6-2 2012—2018年粮食作物变化样本村情况 （单位：%）

县名	2012年		2015年				2018年			
	作物	比重	主要粮食	比重	次要粮食	比重	主要粮食	比重	次要粮食	比重
贵州盘州	玉米	66.7	玉米	93.3	小麦	50.0	玉米	66.7	马铃薯	36.4
贵州正安	玉米	81.3	玉米	68.8	中稻	60.0	玉米	37.5	玉米	57.1
云南武定	糯米	61.1	玉米	50.0	玉米	47.1	玉米	44.4	玉米	44.4
云南会泽	玉米	62.5	玉米	68.8	玉米	20.0	玉米	56.3	马铃薯	41.7
陕西镇安	小麦	77.8	玉米	66.7	玉米	46.2	玉米	50.0	玉米	44.4
陕西洛南	小麦	73.7	玉米	63.2	小麦	44.4	玉米	73.7	大豆	35.3

数据来源：根据调研数据整理。

从经济作物变化情况来看，2012—2018年，样本村的经济作物进行了较大调整，由生产效益低的经济作物向经济效益高的转变（表 6-3）。云贵地区是传统的烟叶种植区，近年来，除贵州正安仍保持大面积的烟叶种植外，贵州盘州、云南武定和云南会泽均将经济作物向收益较高的蔬菜、坚果和中药材转变。陕西是棉花主产区，由于棉花种植是劳动力密集型的种植业，近年来陕西镇安从棉花种植向坚果和蔬菜转变，而陕西洛南则由棉花种植向坚果和烟叶转变。由于种植经济作物的样本村比重相对较小，可见样本地区的经济作物种类较多，各种经济作物的规模也较为有限。

表 6-3　2012—2018 年经济作物变化样本村情况　　（单位：%）

县名	2012 年		2015 年				2018 年			
	作物	比重	主要作物	比重	次要作物	比重	主要作物	比重	次要作物	比重
贵州盘州	烟叶	32.3	马铃薯	31.3	大豆	33.3	蔬菜	25.0	蔬菜	20.0
贵州正安	蔬菜	33.3	烟叶	40.0	马铃薯	25.0	蔬菜	46.7	中药材	27.3
云南武定	烟叶	60.0	烟叶	60.0	蔬菜	23.1	烟叶	53.3	蔬菜	41.7
云南会泽	烟叶	26.7	马铃薯	46.7	坚果	33.3	蔬菜	20.0	坚果	33.3
陕西镇安	棉花	38.9	坚果	33.3	坚果	33.3	蔬菜	33.3	坚果	39.3
陕西洛南	棉花	42.1	坚果	42.1	坚果	35.3	烟叶	26.3	烟叶	26.3

数据来源：根据调研数据整理。

6.2　样本农户生产结构的变化

由表 6-4 可以看出，从事农业种植的家庭比例一直处于较高水平，在 2012 年、2015 年和 2018 年，超过七成的调研农户家庭仍然从事农业种植业，比例由 2012 年的 91.60% 下降至 76.89%，降幅为 14.71%，从事农业种植的农户比例不断下降，农业生产存在不确定性，农户为了获得更高且稳定的收入，逐渐减少农业种植。分地区看，云南省仍主要依赖于农业种植，云南武定、会泽从事农业种植的农户比例高达 88.99% 和 88.60%，而贵州盘州仅有 53.91% 的农户从事农业种植，原因可能与云南相比，贵州盘州环境地形条件相对恶劣，不适于农业生产。

表 6-4 从事农业种植的农户比例 （单位：%）

年份	6 县平均	会泽	正安	武定	洛南	盘州	镇安
2012	91.60	94.3	85.53	96.49	93.86	90.35	86.84
2015	88.01	93.42	79.39	96.93	92.98	80.26	86.84
2018	76.89	88.60	65.50	88.99	87.28	53.91	73.25

数据来源：根据调研数据整理。

畜牧业可以为贫困地区农民提供收入、优质食品（动物蛋白）、燃料、畜力和肥料等，有助于改善农户生计和食物安全状况，对于保障贫困地区农民生产生活发挥着重要的作用。调查数据显示（表 6-5），约有 6 成以上的农户都养殖牲畜或家禽，主要包括生猪、牛、羊、鸡、鸭等畜禽品种，但养殖比例有所下降，从 83.26% 降至 67.76%，降幅约为 15.5%，这表明了部分农户放弃养殖畜禽。分地区看，2018 年陕西洛南养殖农户最少，仅有 28.51% 的农户养殖畜禽，与 2012 年比近一半的农户放弃养殖；而云南省大多农户都养殖畜禽。

表 6-5 从事养殖的农户比例 （单位：%）

年份	6 县平均	会泽	正安	武定	洛南	盘州	镇安
2012	83.26	92.11	85.09	96.49	55.7	88.16	82.02
2015	73.68	89.91	74.56	92.11	36.4	85.09	64.04
2018	67.76	86.84	61.57	91.23	28.51	70.87	67.54

数据来源：根据调研数据整理。

种植业和养殖业是农户最主要的生计方式，但这两种类型的农户占样本农户总数的比重较 2012 年调研均有所下降。原因可能在于从事农业的年轻人确实越来越少，大家更喜欢干一些体面、收入高的工作；其次农业生产具有不确定性，易受季节气候影响，农户难以维持稳定的收入；最后是随着交通的便利，越来越多的贫困户选择外出务工获取稳定的收入。

总体来看（表 6-6），2018 年农户养殖收入在总样本中占比最大，为 47.91%；其次是种植型收入，为 44.03%，这说明贫困地区种植业和养殖业是农户最主要的生计方式。而且地区间存在异质性，云南会泽养殖业收入占比 68.59%，是该地区主要的农业经营收入来源，而与之相反的是，陕西洛南养殖业收入仅占 10.27%，种植业收入为 87.12%，洛南县烟草业的发展带动了当地种植业，为农户创收提供了良好的基础。从变化趋势上看，种植业和养殖业仍是主要的收入来源，除陕西洛南外，均未做出显著的调整，洛南从依靠养殖业为主转为依靠种植业。

表 6-6　2012—2018 年农户家庭农业经营收入来源比例　（单位：%）

地区	年份	种植	养殖	林业
6 县平均	2012	70.10	52.72	7.74
	2015	29.03	63.21	7.76
	2018	44.03	47.91	8.06
云南会泽	2012	32.06	65.34	2.60
	2015	9.60	83.72	6.68
	2018	27.21	68.59	4.20
云南武定	2012	20.68	71.89	7.43
	2015	10.04	83.10	6.86
	2018	35.69	56.74	7.58
贵州正安	2012	34.48	63.53	1.98
	2015	26.76	71.22	2.02
	2018	45.76	52.33	1.91
贵州盘州	2012	26.30	70.28	3.42
	2015	15.58	80.02	4.40
	2018	27.51	65.88	6.61
陕西洛南	2012	52.37	27.05	20.59
	2015	62.88	20.45	16.67
	2018	87.12	10.27	2.61
陕西镇安	2012	36.66	49.59	13.75
	2015	36.55	52.22	11.23
	2018	38.17	48.05	13.78

数据来源：根据调研数据整理。

对于农业生产，总体来看，在所调查贫困农村地区，约有 76.89% 的农户家庭从事种植业和养殖业生产，农业收入占家庭总收入的比例约为 46%。按照地区划分，云南地区农业参与度比例最高（64%），陕西地区比例最低（29%），可见，陕西地区农业生产重要性较低，而且收入多样化程度更高；按性别划分，以女性为户主的家庭农业参与度（35%）要低于男性户主家庭（47%），户主为女性的家庭往往有家庭成员外出打工，因此农业生产在家庭收入中的重要性会下降（表 6-7）。

表 6-7 从事农业生产农户比例的变化

项目	年份			地区			性别	
	2012	2015	2018	云南	贵州	陕西	男性	女性
样本量	1 368	1 367	1 369	1 367	1 370	1 367	3 784	320
种养殖收入占总收入比重	0.53	0.47	0.37	0.64	0.44	0.29	0.47	0.35

数据来源：根据调研数据整理。

7 外出务工

中国近 40 年经历了快速的经济增长，人口变化在其中起到了重要作用，改革开放以后，我国实现了农村剩余劳动力的有效转移和优化配置。随着乡村振兴和精准扶贫战略的实施，贫困地区的产业发展逐渐向好，农村剩余劳动力有了更加多样的生产、就业选择。

7.1 国家层面的劳动力转移

农民工总量继续增加，增速回落明显（图 7-1）。过去十年，我国农民工总量持续上升，从 2011 年的 25 278 万人增长到 2018 年的 28 836 万人。但是从增速上来看，农民工增量总体上呈现下降态势，从 2011 年的 4.4 个百分点降低到 2018 年的 0.6 个百分点，仅在 2016 年和 2017 年两年有微量提升。

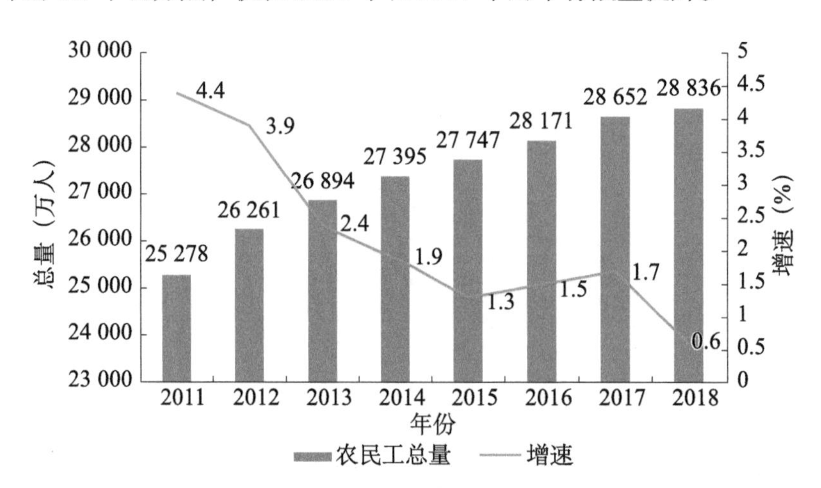

图7-1　2011—2018年中国农民工总量及增速

［数据来源：中华人民共和国国家统计局，《农民工监测调查报告》（2011—2018 年）。http://www.stats.gov.cn/tjsj/zxfb/202004/t20200430_1742724.html］

本地农民工增速高于外出农民工（图7-2、图7-3）。农民工可以具体分为本地农民工和外出农民工，本地农民工指在户籍所在乡镇地域以内从业的农民工，外出农民工指在户籍所在乡镇地域外从业的农民工。对比图7-2和图7-3可以发现，外出农民工人数始终高于本地农民工人数，且两者的增速都大体呈现下降趋势，但是本地农民工的增速却是高于外出农民工的，说明农民工越来越倾向于回到距离家乡较近的地区务工。

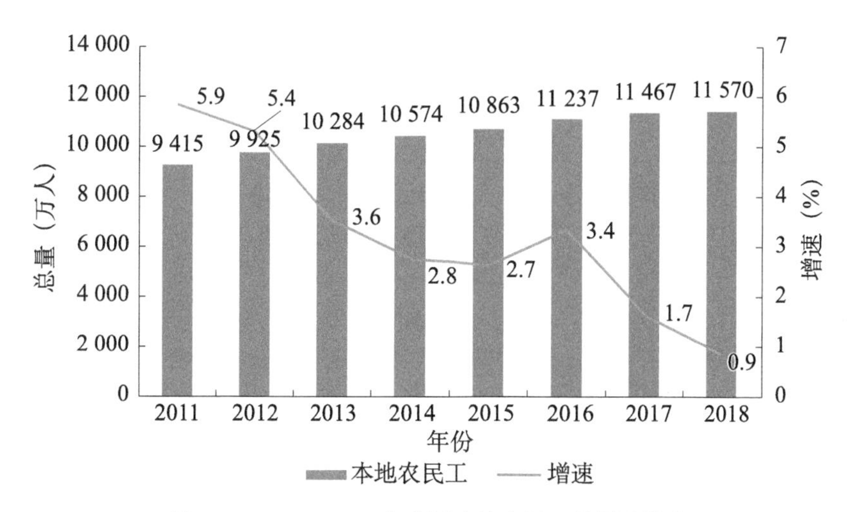

图7-2 2011—2018年中国本地农民工总量及增速

［数据来源：中华人民共和国国家统计局，《农民工监测调查报告》（2011—2018年）］

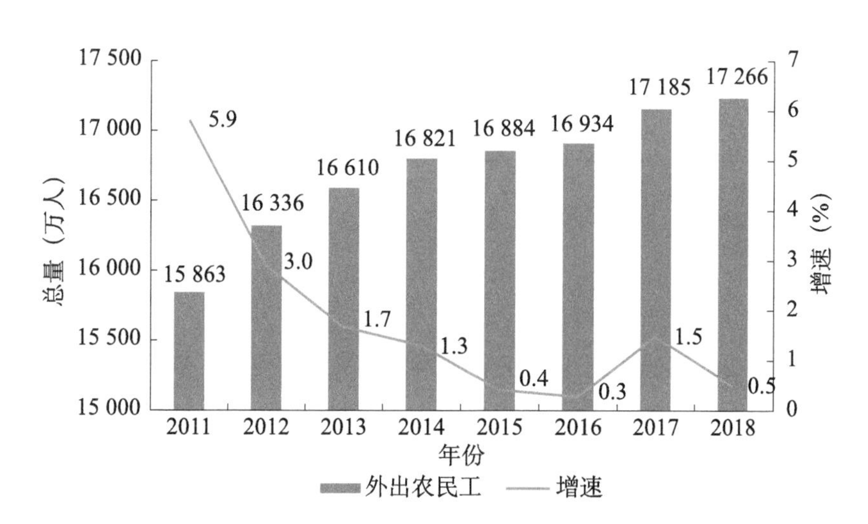

图7-3 2011—2018年中国外出农民工总量及增速

［数据来源：中华人民共和国国家统计局，《农民工监测调查报告》（2011—2018年）］

7.2 地区层面的劳动力转移

西部地区输出农民工人数增加最多，东部地区输出农民工增速最少（表7-1）。从输出地看，东部地区输出农民工人数上一直占据优势，约占农民工总量的36%，中部地区与西部地区次之，分别占比约33%和27%，东北地区人数最少且与东中西差距很大，约占农民工总量的3.3%。但是东部地区的增速却是四类地区中增速最低的，2017年增速为0.3，2018年增速甚至为负（-0.2）；西部地区和东北地区增速较快，在2018年两地增速均为1.3。

表7-1 输出地农民工的区域分布 （单位：万人）

年份	东部地区	中部地区	西部地区	东北地区
2011	10 790	7 942	6 546	
2012	11 191	8 256	6 814	
2013	10 454	9 335	7 105	
2014	10 664	9 446	7 285	
2015	10 300	9 174	7 378	859
2016	10 400	9 279	7 563	929
2017	10 430	9 450	7 814	958
2018	10 410	9 538	7 918	970

数据来源：中华人民共和国国家统计局，《农民工监测调查报告》（2011—2018年）。

东部地区：包括北京、天津、河北、上海、江苏、浙江、福建、山东、广东、海南10个省（市）。

中部地区：包括山西、安徽、江西、河南、湖北、湖南6省。西部地区：包括内蒙古、广西、重庆、四川、贵州、云南、西藏、陕西、甘肃、青海、宁夏、新疆12个省（自治区）。东北地区：辽宁、吉林、黑龙江3个省。其他地区指我国港、澳、台地区及国外。

在东部就业的农民工减少，在中西部地区就业增速快（表7-2）。从输入地看，在东部地区就业的农民工约占农民工总数的55%，虽然总体上呈现负增加率，但是不可否认东部地区对农民工的吸引依旧很大。其余四处地区的呈现总体上升的态势，尤其是中部地区和西部地区，2018年增速达到2.4%和4.2%，中西部地区对农民工的吸引力开始逐渐显现。

表 7-2 输入地农民工的区域分布 （单位：万人）

年份	东部地区	中部地区	西部地区	东北地区	其他地区
2011	16 537	4 438	4 215		
2012	16 980	4 706	4 479		
2013	16 174	5 700	4 951		
2014	16 425	5 793	5 105		
2015	16 489	5 977	5 209	859	72
2016	15 960	5 746	5 484	904	77
2017	15 993	5 912	5 754	914	79
2018	15 808	6 051	5 993	905	79

数据来源：中华人民共和国国家统计局，《农民工监测调查报告》（2011—2018 年）。

7.3 样本农户的劳动力转移

半数农户家庭存在外出人员，同时外出流动人数比例增加（表 7-3）。样本农户中，外出家庭占比数均超过家庭总数的一半，此外，外出人数占比在调研期间一直呈现上涨态势，在 2015 年有外出的家庭数量降低的情况下，外出人数占比依旧上升。

表 7-3 农户层面外出流动人员的统计

年份	有外出家庭数（个）	家庭总数（个）	外出家庭占比（%）	外出人数（人）	总人数（人）	外出人数占比（%）
2010	795	1 368	58.11	1 437	4 666	30.79
2012	811	1 368	59.28	1 516	4 714	32.15
2015	779	1 368	56.94	1 508	4 687	32.17
2018	837	1 372	61.01	1 638	4 693	34.90

数据来源：根据调研数据整理。

长期务工和短期零工同时存在，大多数人选择长期在外务工。由表7-4可知，长期在外的人数较多，在外务工1年及1年以上的占总人数的50%～60%，在外务工［9，12）个月的人数也有近20%。表7-5继续对每月在外人口进行统计，由于调查中数据有部分缺失，每月在外流动人口数相对总外出流动人口数小，但是仅对比各月数据，可以发现，2月的在外人口最小，这是由于2月多是农历新年，大多流动人口会回乡过年。其他月份的流动人数相差不大，也从侧面说明大多数流动人口选择的是长期务工。

表7-4　不同外出持续时间人数　　（单位：人）

年份	［0，3）个月	［3，6）个月	［6，9）个月	［9，12）个月	1年及1年以上
2010	32	48	87	220	389
2012	56	88	127	130	706
2015	32	61	133	318	406
2018	39	40	97	236	582

数据来源：根据调研数据整理。

表7-5　不同月份流动人口的统计　　（单位：人）

年份	1月	2月	3月	4月	5月	6月	7月	8月	9月	10月	11月	12月
2010	335	81	461	496	478	439	461	447	443	437	440	401
2012	130	108	275	294	287	297	283	175	188	199	192	160
2015	268	175	453	493	482	463	464	418	425	427	420	347
2018	298	190	526	568	561	576	473	409	519	513	490	432

数据来源：根据调研数据整理。

样本农户流动人口的主要去向由省外转向省内。表7-6显示，2012年，样本农户流动人口的主要去向是省外，占流动人口比重的72.3%，2015年、2018年转变为省内，分别占52.7%和54.5%。具体来看省内状况，在镇内就业的人数最少，在1%左右徘徊，在市内和县内人数相差不大，在10%左右，在县内就业的人数略多。

表 7-6 流动人口外出区域

年份	项目	省内	省外	市内	县内	镇内	总数
2012	人数（人）	53	194	12	7	2	268
	比例（%）	19.7	72.3	4.4	2.6	0.7	100
2015	人数（人）	977	552	126	166	32	1 853
	比例（%）	52.7	29.7	6.7	8.9	1.7	100
2018	人数（人）	1 148	501	185	242	28	2 104
	比例（%）	54.5	23.8	8.7	11.5	1.3	100

数据来源：根据调研数据整理。

外出从事非农工作占比最大，但呈现出下降趋势。表 7-7 显示，流动人口外出从事非农工作占比最大，在 70% 左右，其次是在外上学（10% 以上）、在外生活（9% 左右），外出务农人数极少，仅占 1% 左右。从时间维度上看，从事非农业工作的人数虽然占据大头，但是比例在逐步下降，而外出上学人数、在外生活人数和参军、个体经营、实习、看病等其他活动则开始增加。

表 7-7 流动人口外出的主要活动

年份	项目	务农	非农业工作	上学	在外生活	其他	总数
2012	人数（人）	15	1 332	184	159	42	1 732
	比例（%）	0.8	76.9	10.6	9.1	2.4	100
2015	人数（人）	25	1 161	217	119	34	1 556
	比例（%）	1.6	74.6	13.9	7.6	2.1	100
2018	人数（人）	12	1 131	294	146	88	1 671
	比例（%）	0.7	67.6	17.5	8.7	5.2	100

数据来源：根据调研数据整理。

第四篇

减贫进程中农户食物安全与营养改善驱动力的实证研究

8 政府转移性支付与欠发达地区农户食物消费

改革开放40多年来，我国城乡居民收入大幅增长，居民消费水平明显提升，生活质量显著改善，农村居民食物消费经历了从“吃得饱”向“吃得好”再到“吃得健康”的转变。我国是一个发展中国家，城乡二元结构长期存在。农村居民的收入水平和食物消费水平一直明显低于城镇居民，其营养状况差于城镇居民，疾病发生风险较高（Zhai et al.，2009），尤其是在欠发达地区，农户食物安全水平相对较低，膳食结构不合理，营养不良问题突出。由于收入低下、饮食结构单一、市场闭塞、基础设施薄弱等原因，欠发达地区农户通常较难获取种类多样且营养的食物（杨龙 等，2017）。在中西部贫困地区，因营养不良而生长发育迟缓的人口约占整个人口的30%（王兴稳 等，2012），一旦发生食物不安全，将不仅影响人们的身体素质，人力资本的积累，还将在一定程度上影响中国能否顺利转变发展方式，实现可持续的发展（陈志钢 等，2019）。因此，对于这部分群体来说，有必要实施针对性的食物政策以改善其食物安全和营养状况。

自2013年以来，各级政府为打赢脱贫攻坚战提供了强大资金保障。中央、省、市县财政专项扶贫资金累计投入近1.6万亿元，欠发达地区在基础设施、教育、医疗、住房、就业等方面发生了巨大的改变，人民生活水平显著提高。然而，学术界就政府转移性支付是否可以改善食物安全这一问题一直存在争议。一些研究认为，经济增长和收入增加可能会对食物消费有挤出效应，人们的食物消费决策受文化、习惯影响深远，传统的政府转移支付可能很难起到引导人们改善食物消费行为的作用（Deaton et al.，2009a）。因此，对于转型时期的中国而言，从宏观角度看，政府究竟通过什么样的政策，将有限的资源更合理地分配下去，以实现微观个体的食物安全，是关键所在。从微观角度上看，政府转移支付能否改善欠发达地区农户的食物消费？哪些政策手段更有利于农户的食物消费？回答这些问题将为新时期中国制定营养干预计划提供科学依据。本章的具体安排如下：综上，本章将重点探讨上述问题，研究结论试图为完善食物政策精准实施的理论研究、提高政策的精准度及其可实施性提供科学依据和可行方案。本章安排如下：首先对相关文献进行梳理和总结，其次是相关模型设定及变量说明，再次是模型估计结果及讨论，最后是结论和政策建议。

8.1 文献综述

居民食物消费与营养受到多方面因素的驱动，如收入（周津春 等，2006）、农业生产（Koppmair et al.，2017；Jones et al.，2014；Jones，2017；Rajendran et al.，2017）、经济增长（Huang et al.，2009；Xu Tian et al，2013；Gibson & Rozelle，2002)、社会发展（Meng et al.，2009；Deaton et al，2009b；郑志浩 等，2016；刘华 等，2013）、城市化（付波航 等，2013；Cockx et al.，2018）、性别及受教育程度（Sinharoy et al.，2018）、基础设施（Koppmair et al.，2017）等。在农户层次上，其中，限制人们食物获得能力的关键因素是收入（郑志浩 等，2016；朱玲，1997），而政府转移支付作为农户收入的主要部分，势必会影响到农户食物安全，从这个意义上说，政府的转移支付既是推动农户食物安全的先决条件，也是关键变量。

已有研究对于政府的转移支付是否可以改善食物安全这一问题存在争议。主流观点肯定了政府政策转移性支付对于农户食物安全的改善作用（Subramanian et al.，1996；Huang，1999；Abdulai et al.，2004）。其中，楚永生等（2004）认为政府通过两种方式影响农民消费，一种是通过增加非生产性公共产品的供给则会改善农民生活环境，直接影响农民消费水平；另一种是通过增加农村生产性公共产品的供给，降低农民生产成本，提高收入，从而间接影响农村居民食物消费。Meng et al.（2009）发现收入增长能有效增加热量摄入，尤其对于低收入城镇居民而言，其热量收入弹性较大。Headey et al.（2012）发现家庭财富的增加是促进印度儿童膳食多样性改善的一个重要因素。在中国农村，部分农户得益于政策投入，基本摆脱了农业生产对食物消费的限制，通过收入增长和市场发展极大改善了食物消费与营养（王小华 等，2015；吕开宇 等，2012；温涛 等，2012）。

但也有研究发现，收入的增加可能不会带来食物安全的实质性改善（Behrman

et al.，1990；Behrman et al.，1987；Bouis，1994；Just et al.，2010）。可能的原因是农户营养的收入弹性很低，甚至为零，即使在食物消费支出较高的情况下亦是如此，随着收入的提高，食物支出将增加，低收人群体的食物支出弹性更高，但食物支出的增加并不必然带来营养摄入量的增加（Wolfe et al.，1983；Behrman et al.，1987），上述结论意味着在营养收入弹性很小的情况下，增加政府转移性支付收入并不是提高营养摄入量的有效办法。如果这一说法成立，那么对于促进食物安全政策的制定则需格外谨慎。

此外，少部分研究发现了政府投入对农户食物消费影响的异质性。政府转移性支付的方式不同，农户的边际消费倾向不同。Whitaker et al.（2009）的研究表明与市场相对脱钩的政府补贴对农户边际消费倾向的影响要大于与市场条件挂钩的政府补贴，如通常与市场价格和种植作物类型无关的环境保护补贴。与多种类型的波动性补贴相比，有规律的稳定性的政策补贴可能更好地实现平抑农户消费的目的（Friedman，1957）。Shefrin et al.（1988）提出，经济主体分类进入不同的"心理账户"，每个账户的边际消费倾向可能不同。这些分类规则可能基于收入特征，如规模，或更多的行为标准，如付款名称等（Thaler，1999；Thaler，1990）。例如，Kooreman（2000）发现，从被标记为"儿童福利"的政府转移支付所得的收入中，购买儿童服装的边际倾向更高。大量研究表明，美国家庭用食品券消费食品的边际倾向大于用现金收入（Duflo et al.，2004；Senauer et al.，1986；Devaney et al.，1989），多个成年家庭从食物券收入中消费食物的倾向是现金收入的6～8倍（Breunig et al.，2005）。不过，这一结论也并不是统一的（Subramanian et al.，1996；Bouis et al.，1992）。上述结论表明，如果通过改变支付的方式、规模、频率、期限甚至名称等支付特征，可以更好地实现既定的政策目标，那么就非常有必要进一步探索不同的政府转移支付对农户食物消费的影响。

通过文献梳理，可以发现：政府转移性支付对于农户食物消费影响存在差异，而分歧点产生的原因一方面来自于政府转移性的异质性，不同的支付类型，支付方式，支付规模会直接或间接影响农户食物消费。通常，稳定性的持续性的支付政策、直接针对食物的支付政策、转移支付比例高的政策更有利于农户食物消费；另一方面可以归纳为食物消费本身，一般而言，政府转移性支付会带来农户收入的增加，随着收入的增加食物消费支出增加，但会不必然使得食物摄入量同步增加，尤其是主要营养元素的摄取，这是农户营养改善的关键。因此，对于食物消费的衡量，既要考虑食物消费支出，也要充分考虑主要食物的消费结构。

此外，研究的时间范围及地区差异也会导致结果的不同。

目前，国内关于政府转移性支付与食物消费的研究并不充分，大多研究以理论分析为主，实证分析较少，且未能充分考虑政府转移性支付的异质性。尤其是对于欠发达地区，而农村家庭的食物消费问题关乎农村居民的营养健康以及人力资本发展的问题，亟须探讨分析。基于此，文章使用2018年在云南、贵州和陕西3个省的6个国家级贫困县的114个村1 371户的调研数据，通过描述性统计、多元回归模型，综合研判当前政府转移性支付对于欠发达地区农户食物消费的影响，并充分考虑几种代表性的政府转移支付的异质性，文章对农户食物消费的考察既关注食物消费总支出，也关注具体的食物消费量的结构，从而获得更加准确的结论。

8.2 研究方法

8.2.1 数据来源

本研究数据来源于中国农业科学院农业信息研究所建立的“中国贫困县农户贫困与食物安全跟踪调查”面板数据库，使用2018年[①]在云南、贵州和陕西三省的6个国家级贫困县的114个村1 371户的调研数据，数据涵盖农户家庭基本情况、生计、食物消费和扶贫项目等方面的信息。其中食物消费调查采用30天回顾法，即农户回顾过去30天各类的食物消费情况。关于政府转移性支付的部分，按照国家统计局的统计口径进行设计，并结合样本地区特点，将转移性收入进行详细划分，包括生产补贴、退耕还林补贴、养老金、低保、扶贫贷款等。

8.2.2 变量设置

被解释变量。研究采用的被解释变量为农户食物消费。食物消费数据包括4大主要食物类别：谷物类（糯米及其制品、大米及其制品、玉米及其制品、面粉

① 该数据库的建立始于2010年，包含2010年、2012年、2015年、2018年四轮农户追踪调查数据。由于关于不同类型政府转移支付的信息自2018年才加入问卷，因此本研究仅使用2018年数据。

及其制品）、蔬菜类（果菜、叶菜、菜豆及其他蔬菜）、水果类、动物性食物（猪牛羊肉及禽肉、蛋类、奶制品）。根据农户过去30天各类的食物消费回顾，分别计算出农户食物消费的总支出以及分类食物消费量情况。食物消费总支出用以考察农户的食物消费金额随政府转移性支付的变化情况，分类食物消费量用以考察判断食物消费结构随政府转移性支付的变化情况，二者结合共同判断政府转移性支付对农户食物消费的影响。

解释变量。核心解释变量为政府转移性支付相关变量。已有的研究表明，不同的支付类型，支付方式，支付规模会影响农户食物消费，根据欠发达地区特点，将农户收到的政府转移性收入分为4类：扶贫贷款、生产补贴、养老金和营养餐，其中按照规模，扶贫贷款、生产补贴、养老金占据欠发达地区农户收入的主要部分（虞雯翔，2012），也是农户实现增收的有效路径（陈思 等，2020）；按照支付类型，扶贫贷款是国内有关金融机构承担的一项政策性贷款业务，对于农户而言，发放的形式主要是小额扶贫贷款，发放的机构以农村信用社、银行、农民合作组织为主。扶贫贷款的计算方式为过去12个月农户从农村信用社、银行、农民合作组织的借款金额加总。生产补贴是为调动农户种养殖积极性，属于与市场相挂钩的波动型补贴。2015年以来，为提高农业补贴政策效能，国家启动农业“三项生产补贴”改革，将种粮直补、农资综合补贴、良种补贴合并为“农业支持保护补贴”，并执行“谁种地，补贴谁”的补贴政策，政策目标调整为支持耕地地力保护和粮食适度规模经营，明确农业补贴引导粮食适度规模生产。生产补贴的计算方式为过去12个月内粮食直补、良种补贴以及农机补贴等的收入加总。养老金是为了保障农村60岁以上的老年人口的基本生活能力，保障水平与农村生产力发展和各方面承受能力相适应，不与市场的发展直接挂钩，属于相对稳定的政策补贴。各地养老金的补贴标准不一，综合考虑云南、贵州、陕西的新型农村养老保险政策，文章按照75元/（人·月）的平均标准进行计算（王旭光，2017）。营养餐计划是国家为改善贫困地区农村学生营养状况，提高学生健康水平，展开的针对性的扶贫项目，生产单位根据平衡膳食的要求，在严格卫生消毒条件下向学生提供安全卫生，符合营养标准的色、香、味俱佳的配餐（付俊杰 等，2005）。项目自2011年起实施，中央财政为试点地区农村义务教育阶段学生提供营养膳食补助，各地区因地制宜地开展营养改善试点工作，逐步改善农村家庭经济困难学生营养健康状况营养餐的计算标准按照《国务院办公厅关于实施农村义务教育学生营养改善计划的意见》，每生每天3元，全年按照学生在校时间200天计算。书中涉及到收入及支出的变量均作对数处理，后文不再重复解释。

欠发达地区政府转移性支付的分类说明见表 8-1。

表 8-1 欠发达地区主要政府转移性支出的分类说明

主要政府转移性支出类型	具体说明
扶贫贷款	过去 12 个月收到的农村信用社、银行、农民合作组织的贷款金额总和，属于金额较大的补贴
生产补贴	过去 12 个月内粮食直补、良种补贴以及农机补贴等的收入的总和，属于与市场相挂钩的波动型补贴
养老金	过去 12 个月 60 岁以上的老年人口收到的养老金总和，不与市场的发展直接挂钩，属于相对稳定的政策补贴
营养餐	过去 12 个月收到的营养餐项目的总收入（换算），属于针对性的食物安全项目

为了排除混淆因素的影响，借鉴已有文献，模型中将纳入个人层面、家庭层面和地区层面的控制变量。本章个人层面的控制变量选取的是对消费决策影响较为显著的户主个人特质，包括性别（男性 =1，女性 =0）、年龄和受教育年限三类人口学特征；家庭层面的控制变量，参考已有文献（谭涛 等，2014；李傲 等，2020），选取 5 类家庭特征指标：家庭人口数、家庭距离市场距离、家庭耕地面积、家庭财富指数以及是否遭受自然风险，其中家庭财富指数衡量了一个家庭的富裕程度，涵盖了包括住房条件、家庭耐用品、生产性资产、交通工具和家庭饮水和用电等方面的综合指数（聂凤英 等，2011），计算得失一个农户所拥有的资产，再按照人口排序后进行五等分，数据越大，代表家庭财富越多；到最近市场的距离是农户家距离最近的市场或集市的距离，用公里数表示。农业生产对农户的消费行为有一定影响，故而需要控制和生产相关的部分变量，这里选取是否经历自然灾害（是 =1，否 =0），以及耕地面积两个指标。为了减轻遗漏变量带来的偏误，模型中纳入地区虚拟变量，控制县级层面的固定效应，从而更有效地衡量政府转移性支付对于食物消费的真实影响。

8.2.3 模型设定

研究首先对相关变量进行描述性统计，得到政府转移性支付和食物消费的现状；接下来，设定多元回归模型，在控制其他变量的基础上，分别检验政府转移性支付对农户食物消费总支出和食物消费结构的影响。进一步验证政府转移性支付对农户食物消费影响的异质性，最终得到政府转移支付与欠发达地区农户食物消费的综合结论。为了增加结果的稳健性，多元回归模型控制了县级层面的固定效应。

研究探究的是在控制其他变量的条件下，政府转移性支付对农户食物消费的影响。建立多元线性回归模型：

$$Y_i=\beta_0+\beta_1X_{gov}+\beta_2Control_i+\beta_3FE_j+\varepsilon_i$$

上式中，Y_i 代表农户家庭食物消费，包括常见的四种食物消费量以及食物消费总支出；X_{gov} 为核心解释变量，表示的是主要政府转移性支出，相关指标包括扶贫贷款、生产补贴、养老金、营养餐以及农户收到的政府转移性支付的总和，计算方法为 4 类扶贫资金的加总。$Control_i$ 表示控制变量；FE_j 为县级虚拟变量；ε_i 代表随机误差；系数 β_1 的符号和显著性会因为被解释变量和解释变量的不同而发生改变。

8.3 研究结果

8.3.1 描述性统计

表 8-2 为各变量的定义及描述性统计。2018 年，样本农户家庭 4 种主要食物消费中，谷物消费量为 43.87 千克 / 月，蔬菜消费量为 26.42 千克 / 月，水果消费量为 12.25 千克 / 月，动物性食物消费量为 11.50 千克 / 月，食物消费总支出为 1 058.17 元 / 月。农户收到的主要政府资金投入均值为 23 044.94 元，其中，扶贫贷款占据政府转移性收入最多，比例为 83%，生产补贴占据政府转移性收入次多，比例为 8.9%，养老金占据政府转移性收入的 6.6%，营养餐占据政府转移性收入的比例为 8.5%。样本农户在家生活的平均家庭成员数为 4.62 人，家庭距离市场的变量均值为 6.23 千米，表明农户与市场的距离较远。

表 8–2 变量定义及描述性统计 (n=1 371)

变量层		变量	变量定义	均值	标准差	最小值	最大值
被解释变量	食物消费量	谷物	过去 30 天谷物消费量（千克）	43.87	46.24	0	604
		蔬菜	过去 30 天蔬菜消费量（千克）	26.42	21.19	0	265
		水果	过去 30 天水果消费量（千克）	12.25	16.89	0	265
		动物性食物	过去 30 天动物性食物消费量（千克）	11.50	11.00	0	115
	食物消费总金额		过去 30 天食物消费金额（元）	1 058.17	957.67	0	13 920.7
核心解释变量	政府转移性支付	政府转移性收入	过去 1 年家庭收到的主要政府资金投入总和（元）	23 044.94	64 589.07	0	1 040 000
		生产补贴	过去 1 年家庭收到的政府生产补贴金额（元）	2 053.56	6 299.69	0	40 000
		养老金	过去 1 年家庭收到的政府养老金金额（元）	1 510.25	4 456.57	0	34 800
		扶贫贷款	过去 1 年家庭收到的政府扶贫贷款金额（元）	19 189.87	63 916.87	0	1 000 000
		营养餐	过去 1 年家庭收到的政府营养餐换算金额（元）	272.89	420.13	0	2 400
控制变量	个人层面	户主性别	户主性别（0= 女，1= 男）	0.82	0.38	0	1
		户主年龄	户主年龄（岁）	54.42	11.56	12	87
		户主教育年限	户主教育年限（年）	4.59	3.90	0	16

续表

变量层		变量	变量定义	均值	标准差	最小值	最大值
控制变量	家庭层面	家庭人口数	家庭人口总数	4.62	1.71	1	12
		家庭与市场的距离	家庭与市场的距离（千米）	6.23	6.67	0	60
		家庭耕地面积	家庭耕地面积（公顷）	5.07	5.50	0	60
		家庭财富指数	财富指数越高，家庭拥有的资产越多	2.30	1.41	1	5
		是否遭受自然风险	是否发生自然风险？（0=否，1=是）	0.43	0.50	0	1
	地区层面	会泽县	会泽县=1，非会泽县=0	0.16	0.37	0	1
		正安县	正安县=1，非正安县=0	0.17	0.38	0	1
		武定县	武定县=1，非武定县=0	0.17	0.37	0	1
		洛南县	洛南县=1，非洛南县=0	0.16	0.37	0	1
		盘州市	盘州市=1，非盘州市=0	0.18	0.38	0	1
		镇安县	镇安县=1，非镇安县=0	0.16	0.36	0	1

数据来源：根据调研数据整理。
注：政府转移性收入是生产补贴、养老金、扶贫贷款、营养餐的加总。

8.3.2 实证分析结果

在控制了其他变量以后，对于研究关注的核心变量政府转移性收入，模型的分析结果发现政府转移性收入与农户消费支出呈正向相关关系，并在1%的水平上通过了显著性检验，说明政府转移性收入起到了增加食物消费支出的作用。分项政府转移性收入中，扶贫贷款与农户食物消费支出呈正向相关关系，并在 1% 的水平上通过了显著性检验；同时营养餐与农户食物消费支出呈正向相关关系，并在 5% 的水平上通过了显著性检验。值得注意的几点如下。

（1）营养餐与扶贫贷款对农户的食物边际消费倾向几乎相同。农户营养餐收入是扶贫贷款收入的近 10%，但却在食物消费上达到了与扶贫贷款接近的水平，说明营养餐更有利于实现农户食物消费的目的，这与 Duflo et al.（2004）、Senauer et al.（1986）、Devane et al.（1989）的研究结果保持一致，可能的原因是，营养餐属于针对性的学生营养支援项目，通过学校供餐等手段直接改善学生营养，这种手段不同于现金补助，Barrett 的研究发现，“食品券”对家庭消费的影响往往高于现金收入（Just et al.，2010），其背后的原因涉及到心理账户（Thaler，1985）、家庭内部讨价还价（Chant，2005）、市场失灵（Kooreman，2000）等。

（2）生产补贴与养老金均未能通过显著性检验。说明无论是与市场波动相挂钩的生产补贴，还是相对稳定的养老金，均无法起到改善农户食物消费支出的作用。

表 8-3 为政府转移性支付与农户食物消费总金额的多元回归分析结果。

表 8-3　政府转移性支付与食物消费总金额的多元回归分析结果

变量名	食物消费总金额对数值（1）	食物消费总金额对数值（2）	食物消费总金额对数值（3）	食物消费总金额对数值（4）	食物消费总金额对数值（5）
政府转移性收入对数值	0.021***				
	（0.005）				
生产补贴对数值		0.006			
		（0.005）			
养老金对数值			-0.002		
			（0.005）		
扶贫贷款对数值				0.013***	
				（0.004）	
营养餐对数值					0.012**
					（0.006）

续表

变量名	食物消费总金额对数值（1）	食物消费总金额对数值（2）	食物消费总金额对数值（3）	食物消费总金额对数值（4）	食物消费总金额对数值（5）
控制变量	已控制	已控制	已控制	已控制	已控制
地区虚拟变量	已控制	已控制	已控制	已控制	已控制
样本量（N）	1 371	1 371	1 371	1 371	1 371
R^2	0.222	0.214	0.213	0.219	0.215

注：①括号中的数字为标准误差；*、**、*** 分别表示在 0.05、0.01 水平上显著；②为方便统计，控制变量和地区虚拟变量的估计结果略；本书下同。

表 8-4 为政府转移性支付与农户食物消费结构的多元回归分析结果。从四大主要食物消费量上看，政府转移性收入与农户谷物消费量、蔬菜消费量、动物性食物消费量呈正向相关关系，并分别在 5%、10%、10% 的水平上通过了显著性检验，且政府转移性收入带来的食物结构变化情况：谷物消费量＞蔬菜消费量＞动物性食物消费量＞水果消费量，说明欠发达地区农户在政府转移性收入增加时，食物消费结构发生改变，并不是各类食物同比例增加，而是更倾向于增加谷物消费，这可能与欠发达地区农户的消费模式有关。食物价格（Abler，2010）、饮食偏好（Abler，2010）、社会发展等（Huang，1999）都会影响农户的消费模式。样本农户大多生活基础设施落后、自然条件恶劣的山区，食物交易成本高，农户往往倾向于自给自足的生活方式，且以粮食消费为主。

表 8–4　政府转移性支付与食物消费结构的多元回归分析结果

变量名	谷物消费量	蔬菜消费量	水果消费量	动物性食物消费量
政府转移性收入对数值	0.819** （0.378）	0.285* （0.174）	0.085 （0.135）	0.145* （0.087）
控制变量	已控制	已控制	已控制	已控制
地区虚拟变量	已控制	已控制	已控制	已控制
样本量（N）	1 371	1 371	1 371	1 371
R^2	0.079	0.073	0.111	0.140

表 8-5、表 8-6、表 8-7、表 8-8 分别为扶贫贷款、生产补贴、养老金、营养餐与农户食物消费结构的多元回归分析结果。从扶贫贷款上来看，扶贫贷款与谷物消费量呈正向相关关系，并分别在 5% 的水平上通过了显著性检验，说明扶贫贷款可以显著增加农户谷物的消费；从生产补贴上来看，生产补贴与各食物消费量呈正向相关关系，但未能通过显著性检验，说明生产补贴不能显著增加农村家庭食物消费量；从养老金来看，与生产补贴类似，养老金不能显著增加农村家庭各项食物消费量。值得注意的是，营养餐与农户谷物消费量、蔬菜消费量、水果消费量、动物性食物消费量呈正向相关关系，并分别在 1%、10%、10%、10% 的水平上通过了显著性检验，说明营养餐项目有利于改善农村家庭食物消费结构。此外，营养餐对谷物消费量的偏回归系数为 1.04，说明营养餐对于谷物消费具有一定的乘数效应。

表 8–5　扶贫贷款与食物消费量的多元回归分析结果

变量名	谷物消费量	蔬菜消费量	水果消费量	动物性食物消费量
扶贫贷款对数值	0.587**	0.071	0.021	0.025
	（0.279）	（0.128）	（0.100）	（0.064）
控制变量	已控制	已控制	已控制	已控制
地区虚拟变量	已控制	已控制	已控制	已控制
样本量（N）	1 371	1 371	1 371	1 371
R^2	0.079	0.071	0.111	0.139

表 8–6　生产补贴与食物消费量的多元回归分析结果

变量名	谷物消费量	蔬菜消费量	水果消费量	动物性食物消费量
生产补贴对数值	0.330	0.178	0.113	0.125
	（0.346）	（0.159）	（0.124）	（0.080）
控制变量	已控制	已控制	已控制	已控制
地区虚拟变量	已控制	已控制	已控制	已控制
样本量（N）	1 371	1 371	1 371	1 371
R^2	0.076	0.072	0.112	0.140

表 8-7　养老金与食物消费量的多元回归分析结果

变量名	谷物消费量	蔬菜消费量	水果消费量	动物性食物消费量
养老金对数值	0.303	0.092	−0.217	−0.163
	（0.363）	（0.167）	（0.130）	（0.084）
控制变量	已控制	已控制	已控制	已控制
地区虚拟变量	已控制	已控制	已控制	已控制
样本量（N）	1 371	1 371	1 371	1 371
R^2	0.076	0.071	0.113	0.141

表 8-8　营养餐与食物消费量的多元回归分析结果

变量名	谷物消费量	蔬菜消费量	水果消费量	动物性食物消费量
营养餐对数值	1.040***	0.319*	0.242*	0.179*
	（0.412）	（0.189）	（0.148）	（0.095）
控制变量	已控制	已控制	已控制	已控制
地区虚拟变量	已控制	已控制	已控制	已控制
样本量（N）	1 371	1 371	1 371	1 371
R^2	0.080	0.073	0.113	0.141

综合来看政府转移性支付与农户食物消费的各实证分析结果，可以发现：①政府转移性支付有利于增加欠发达地区农户食物消费金额，且可以显著增加农村家庭谷物消费量；②扶贫贷款有利于增加欠发达地区农户食物消费金额，且可以显著增加农村家庭谷物消费量；③生产补贴与养老金不能显著增加农村家庭食物消费总金额和食物消费量；④营养餐项目有利于增加欠发达地区农户食物消费金额，并且可以通过增加谷物消费量、蔬菜消费量、水果消费量和动物性食物消费量，有效改善农村家庭食物消费结构。

8.4 结论及建议

本章运用多元回归模型，基于中国农业科学院农业信息研究所建立的“中国贫困县农户贫困与食物安全跟踪调查”数据库，采用2018年在中国西部贫困地区云南、贵州和陕西三省的六个国家级贫困县的114个村的1 371户调研数据，分析了政府转移性支付对于欠发达地区农户食物消费的影响，充分考虑了不同类型政府转移性支付的异质性，并从食物消费支出和食物消费结构两方面对农户家庭食物消费进行解释。

本章主要结论如下：①政府转移性支付有利于增加欠发达地区农户食物消费金额，且可以显著增加农村家庭谷物消费量；②扶贫贷款有利于增加欠发达地区农户食物消费金额，且可以显著增加农村家庭谷物消费量；③生产补贴与养老金不能显著增加农村家庭食物消费总金额和食物消费量；④营养餐项目有利于增加欠发达地区农户食物消费金额，并且可以通过增加谷物消费量、蔬菜消费量、水果消费量和动物性食物消费量，有效改善农村家庭食物消费结构。上述结论充分说明在各项政府转移支付政策中，扶贫贷款和营养餐项目是有效的改善农户食物消费的手段，尤其是营养餐项目，不仅增加了食物消费金额，同时也改善了农户家庭食物消费结构。进一步的，专门针对食物安全与营养的项目对于农户食物安全的改善要优于现金转移支付。因此，建议政府在后续制定食物安全战略时，在顶层设计上将转移支付方式与食物安全目标有机融合，并推广以营养为导向的生产项目和生活方式。

参考文献

陈思，罗尔呷，聂凤英，2020. 正规借贷对农户收入的影响及作用路径：基于西部贫困地区710户农户面板数据的实证分析[J]. 江汉论坛（12）：34-44.

陈志钢，毕洁颖，聂凤英，等，2019. 营养导向型的中国食物安全新愿景及政策建议[J]. 中国农业科学，52（18）：3097-3107.

楚永生，丁子信，2004. 农村公共物品供给与消费水平相关性分析[J]. 农业经济问题（7）：63-66，80.

付波航，方齐云，宋德勇，2013. 城镇化、人口年龄结构与居民消费：基于省际动态面板的实证研究[J]. 中国人口·资源与环境，23（11）：108-114.

付俊杰，翟凤英，2005. 学生营养餐现状与发展趋势[J]. 国外医学（卫生学分册）

（2）：91-95.

李傲，杨志勇，赵元凤，2020. 精准扶贫视角下医疗保险对农牧户家庭消费的影响研究：基于内蒙古自治区 730 份农牧户的问卷调查数据［J］. 中国农村经济（2）：118-133.

刘华，胡雪枝，2013. 中国城镇居民收入增长对营养需求的影响研究［J］. 农业技术经济（2）：95-103.

吕开宇，张雪梅，邢鹂，2012. 不同收入等级农村居民粮食消费的演变：基于住户收入分布函数的模拟分析［J］. 农业经济问题，33（6）：44-48，111.

聂凤英，Amit Wadhwa, 王蔚菁，2011. 中国贫困县食物安全与脆弱性分析［M］. 北京：中国农业科学技术出版社.

谭涛，张燕媛，唐若迪，等，2014. 中国农村居民家庭消费结构分析：基于 QUAIDS 模型的两阶段一致估计［J］. 中国农村经济（9）：17-31，56.

王小华，温涛，2015. 城乡居民消费行为及结构演化的差异研究［J］. 数量经济技术经济研究，32（10）：90-107.

王兴稳，樊胜根，陈志钢，等，2012. 中国西南贫困山区农户食物安全、健康与公共政策：基于贵州普定县的调查［J］. 中国农村经济（1）：43-55.

王旭光，2017. 新型农村养老保险政策提升农民消费水平了吗：来自 CFPS 数据的实证研究［J］. 南方经济（1）：1-12.

温涛，孟兆亮，2012. 我国农村居民消费结构演化研究［J］. 农业技术经济（7）：4-14.

杨龙，李萌，2017. 贫困地区农户的致贫原因与机理：兼论中国的精准扶贫政策［J］. 华南师范大学学报（社会科学版）（4）：33-40，189.

虞雯翔，2012. 心理账户和农户消费选择［D］. 南京：南京农业大学.

郑志浩，高颖，赵殷钰，2016. 收入增长对城镇居民食物消费模式的影响［J］. 经济学（季刊），15（1）：263-288.

周津春，秦富，2006. 我国城乡居民食物消费的影响因素及启示［J］. 调研世界（7）：42-44.

朱玲，1997. 乡村收入分配与食物保障［J］. 经济研究（8）.

ABDULAI A, AUBERT D, 2004. A cross-section analysis of household demand for food and nutrients in Tanzania. Agricultural Economics［J］. 31（1）：67-79.

ABLER D, 2010. Demand Growth in DevelopingCountries, OECD Food, Agriculture and Fisheries Papers,No. 29［R］. Paris：OECD Publishing.

BEHRMAN J, DEOLALIKAR A, 1990. The Intrahousehold Demand for Nutrients in Rural South India: Individual Estimates, Fixed Effects, and Permanent Income［J］. Journal of Human Resources, 25（4）：665-696.

BEHRMAN J R, DEOLALIKAR A B, 1987. Will Developing Country Nutrition Improve with Income? A Case Study for Rural South India［J］. Journal of Political Economy, 95

（3）: 492-507.

BOUIS H E, 1994. The effect of income on demand for food in poor countries: Are our food consumption databases giving us reliable estimates[J]. Journal of Development Economics, 44（1）: 199-226.

BOUIS H E, HADDAD L J, 1992. Are estimates of calorie-income fxelasticities too high?: A recalibration of the plausible range[J]. Journal of Development Economics, 39（2）: 333-364.

BREUNIG R, DASGUPTA I, 2005. Do Intra-Household Effects Generate the Food Stamp Cash-Out Puzzle [J]. American Journal of Agricultural Economics, 87（3）: 552-568.

CHANT S, 2005. Household Decisions, Gender and Development: A Synthesis of Recent Research[J]. American Anthropologist, 107.

COCKX L, COLEN L, DE WEERDT J, 2018. From corn to popcorn? Urbanization and dietary change: Evidence from rural-urban migrants in Tanzania[J]. World Development, 110, 140-159.

DEATON A, DRÈZE J, 2009a. Food and Nutrition in India: Facts and Interpretations[J]. Economic and Political Weekly, 44, 42-65.

DEVANEY B, FRAKER T, 1989. The Effect of Food Stamps on Food Expenditures: An Assessment of Findings From the Nationwide Food Consumption Survey[J]. American Journal of Agricultural Economics, 71（1）: 99-104.

DUFLO E, UDRY C, 2004.Intrahousehold Resource Allocation in Cote d'Ivoire: Social Norms, Separate Accounts and Consumption Choices, No 10498, NBER Working Papers [R]. National Bureau of Economic Research, Inc.

FRIEDMAN M, 1957. A Theory of the Consumption Function[M]. State of New Jersey: Princeton University Press.

GIBSON J, ROZELLE S, 2002. How Elastic is Calorie Demand? Parametric, Nonparametric, and Semiparametric Results for Urban Papua New Guinea[J]. The Journal of Development Studies, 38（6）: 23-46.

HEADEY D, CHIU A, KADIYALA S, 2012. Agriculture's role in the Indian enigma: Help or hindrance to the crisis of undernutrition[J]. Food Security, 4（1）: 87-102.

HUANG K S, 1999. Effects of food prices and consumer income on nutrient availability [J]. Applied Economics, 31（3）: 367-380.

HUANG K S, GALE F, 2009. Food demand in China: Income, quality, and nutrient effects [J]. China Agricultural Economic Review, 1（4）: 395-409.

JONES A D, 2017. On-Farm Crop Species Richness Is Associated with Household Diet Diversity and Quality in Subsistence and Market-Oriented Farming Households in Malawi[J]. The Journal of Nutrition, 147（1）: 86-96.

JONES A. D, SHRINIVAS A, BEZNER-KERR R, 2014. Farm production diversity is associated with greater household dietary diversity in Malawi: Findings from nationally representative data [J]. Food Policy, 46, 1-12.

JUST D, VILLA K, BARRETT C, 2010. Differential Nutritional Responses across Various Income Sources Among East African Pastoralists: Intrahousehold Effects, Missing Markets and Mental Accounting [J]. Journal of African Economies, 20, 341-375.

KOOREMAN P, 2000. The Labeling Effect of a Child Benefit System [J]. American Economic Review, 90 (3): 571-583.

KOPPMAIR S, KASSIE M, QAIM M, 2017. Farm production, market access and dietary diversity in Malawi [J]. Public Health Nutrition, 20 (2): 325-335.

MENG X, GONG X, WANG Y, 2009. Impact of Income Growth and Economic Reform on Nutrition Availability in Urban China: 1986-2000 [J]. Economic Development and Cultural Change, 57 (2): 261-295.

RAJENDRAN S, AFARI-SEFA V, SHEE A, et al., 2017. Does crop diversity contribute to dietary diversity? Evidence from integration of vegetables into maize-based farming systems [J]. Agriculture & Food Security, 6 (1): 50.

SENAUER B, YOUNG N, 1986. The Impact of Food Stamps on Food Expenditures: Rejection of the Traditional Model [J]. American Journal of Agricultural Economics - AMER J AGR ECON, 68.

SHEFRIN H M, THALER R H, 1988. The Behavioral Life-Cycle Hypothesis [J]. Economic Inquiry, 26 (4): 609-643.

SINHAROY S S, WAID J L, HAARDÖRFER R, et al., 2018. Women's dietary diversity in rural Bangladesh: Pathways through women's empowerment [J]. Maternal & Child Nutrition, 14 (1).

SUBRAMANIAN S, DEATON A, 1996. The Demand for Food and Calories [J]. Journal of Political Economy, 104 (1): 133-162.

THALER R, 1985. Mental Accounting and Consumer Choice [J]. Marketing Science, 4 (3): 199-214.

THALER R H, 1990. Anomalies: Saving, Fungibility, and Mental Accounts [J]. The Journal of Economic Perspectives, 4 (1): 193-205.

THALER R H, 1999. Mental accounting matters [J]. Journal of Behavioral Decision Making, 12 (3): 183-206.

WHITAKER J B, 2009. The Varying Impacts of Agricultural Support Programs on U.S. Farm Household Consumption [J]. American Journal of Agricultural Economics, 91 (3): 569-580.

WOLFE B L, BEHRMAN J R, 1983. Is Income Overrated in Determining Adequate

Nutrition [J]? Economic Development and Cultural Change, 31 (3): 525-549.
XU TIAN X Y, XU TIAN X Y, 2013. The Demand for Nutrients in China [J]. Frontiers of Economics in China, 8 (2): 186-206.
ZHAI F, WANG H, DU S, HE Y, et al., 2009. Prospective study on nutrition transition in China [J]. Nutrition Reviews, 67 (suppl_1): S56-S61.

9 农业生产对改善农户食物安全的贡献

尽管过去几十年我国居民食物安全状况极大改善，但城乡和农村地区之间发展差距依然较大，贫困农村地区是我国营养改善工作的重中之重。这些地区市场不是很发达，人们的饮食很大程度上来源于自己生产。在这种背景下，农业生产成为改善贫困地区营养状况的一种重要方式，即加强多样化的生产来促进家庭安全和多样化健康饮食，从而改善营养状况。那么，在这些贫困地区农户中，生产与饮食多样化之间是否存在明确的关联？是否会有其他因素影响这种关系？只有科学回答上述问题，才能指导我国从建立以营养为导向的农业政策体系发力，从而更有效地改善营养和健康状况。

贫困地区农户家庭饮食主要依赖于自己生产，因此，多样化生产理应促进多样化饮食，但这种推断包含一个很强的假定，即农户是基本自给自足，与市场买卖关系很弱。这种假定与现实生活不符，一旦考虑市场因素，那么多样化生产与多样化膳食之间的关系变得更加复杂，多样化的生产一方面可以满足农户自身消费，另一方面农户可以通过销售农产品从市场获取农业收入，进而在市场上购买食物，以达到饮食多样化。但多样化的生产一开始可能会增加农业收入，受规模经济影响，超过某个临界水平时，多样化的生产获得的收益可能会少于专业化生产，使得农户无法获得更高的收入，进而可能影响到食物质量。除农业收入以外，非农收入也是农村家庭收入来源的重要组成部分，受限于家庭劳动力，农业收入的增加可能同时伴随着非农收入的减少，更加深了农业生产与饮食多样性之间关联的复杂性。因此，农业生产与饮食多样化之间关系的方向和大小可能会因不同农户的不同生计选择、市场发育情况等发生改变。本研究旨在厘清贫困地区农业生产多样性与饮食多样性之间的关联。

本章共分为 5 个部分：第一部分为文献综述与研究假说，第二部分为研究方法，第三部分为研究结果，第四部分为结论与建议。

9.1　文献综述与研究假说

农业与营养有着密切联系，一方面，农业能够提供食物，满足农户的营养需求，另一方面，农户从农业中获得经营性收入，通过市场购买食物，从而改善营养，因此，农业生产被认为是改善贫困农村地区营养状况的一种重要方式（World Bank，2008）。已有研究表明饮食多样化可以促进健康饮食，降低超重、肥胖症发生率及减少其他营养健康问题，可以作为衡量营养与健康的一个重要指标（Kant et al.，1993；Arimond et al.,；2004；Steyn et al.，2006；Moursi et al.，2008；Arimond et al.，2010；Headey et al.，2013）。在农业生产对营养的影响研究方面，国外学者多将研究视角聚焦于农业生产多样性，发现农业生产多样性对饮食多样化有正向影响，即农业生产多样性越高，农户饮食多样化可能性越大（Sibhatu et al.，2015；Jones et al.，2014；Pellegrini et al.，2014；Remans et al.，2011；Powell et al.，2015；Jones，2017；Koppmair et al.，2017；Sibhatu et al.，2018）。因此，提出假说 1。

假说 1：农业生产多样性对农户饮食多样化有正向影响。

此外，经验研究表明市场也是影响饮食多样化的重要因素（Sibhatu et al.，2015；Jones，2017；Koppmair et al.，2017；Sibhatu et al.，2018）。一方面，随着农业收入和非农收入增多，农户主要通过市场购买所需的食物，并非完全自给自足（Sibhatu et al.，2015；黄泽颖 等，2019）；另一方面，交通设施和市场布局不断改善，农户购买食物更加方便，市场正逐渐成为影响农户饮食多样化的重要途径。因此，提出假说 2。

假说 2：市场发展对农户饮食多样化有正向影响。

与此同时，关于农业生产、市场发展程度与饮食多样化的关联性，国外学者观点存在差异。Sibhatu et al.（2015）认为在不同商业化程度下，农业生产多样性对饮食多样化的效应是不同的，而且随着商业化程度提高，农业生产多样性对饮食多样化的正向作用将减弱。然而，Jones（2017）对上述结论提出质疑，他以自给自足为主的农户和商业化生产为主的农户为例说明，两个类型农户饮食中来自于自产和市场购买比例并没有显著的区别，而且在不同商业化程度下，农业生产多样性对饮食多样化的效应都是一致的；Sibhatu et al.（2018）认为，如果是根据比较优势，从商业化角度增加农产品种类，可以增强农业生产多样性对饮食多样化的正向作用。如果不考虑市场因素，增加农业生产多样性可能更多地通过自产自食路径获取营养，同时可能无法弥补单一种植带来的规模效益，限制了农业现金收入，在这种情况下，农业生产多样性对饮食多样化的正向作用可能减弱。基于上述分析，农业生产多样性对于饮食多样化并不是简单的促进关系，可能依赖于农业商业化程度（门限变量）而改变。因此，提出假说 3。

假说 3：农业生产对饮食多样化的作用机制受到农业商业化程度的影响。

农业生产与农户食物安全的研究框架见图 9-1。

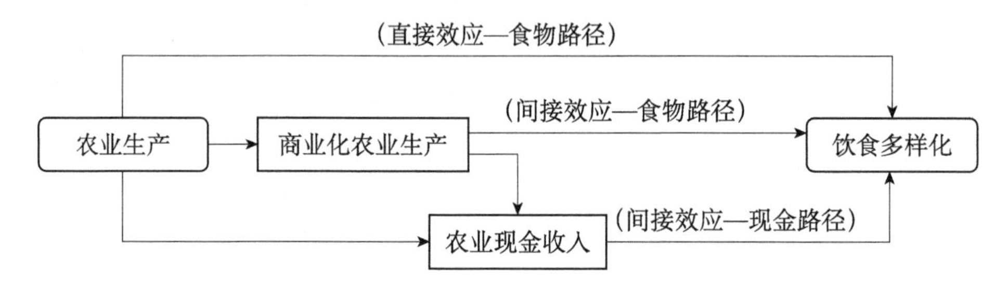

图9-1　农业生产与农户食物安全的研究框架

9.2　研究方法

9.2.1　模型设定

根据理论部分的讨论，假设农户饮食多样化受到农业生产多样性、市场发展等一系列因素的影响，借鉴 Sibhatu et al.（2015）设定方法，构建以下实证模型：

$$DDS_{it}=\alpha_0+\alpha_1 PDS_{it}+\alpha_2 Market_{it}+\alpha_3 X_{it}+\varepsilon_{it}$$

式中，DDS_{it} 代表第 i 个农户家庭在 t 时期饮食多样化情况；PDS_{it} 和 $Market_{it}$ 为本章核心变量，反映了农户在 t 时期内生产多样性和市场化程度；X_{it} 为本研究的控制变量，代表可能影响农户饮食多样化的一系列个人和家庭特征变量，包括户主年龄、户主性别、户主受教育程度、家庭人口数量、家庭拥有耕地数量；ε_{it} 为误差项。

9.2.2　数据来源

相关研究大多采用的是截面数据（Sibhatu et al.，2015；Pellegrini et al.，2014；

Powell et al.，2015；Jones，2017；Koppmair et al.，2017；Sibhatu et al.，2018），分析农业生产与饮食多样性之间的相关关系，而非因果关系。而运用面板数据则能在一定程度上分析因果关系。本研究不同于之前的研究，选择面板数据进行分析。

本研究数据来源于中国农业科学院农业信息研究所建立的“中国贫困县农户贫困与食物安全跟踪调查”面板数据库。该调查始于2010年，利用县级层面数据对592个国家级贫困县食物安全状况进行聚类分析，并划分为五组，考虑到数据可获性、合作意愿与基础，选取处于食物安全状况最差的第五组271个县中6个县作为样本县，分别为云南的武定县、会泽县，陕西的镇安县、洛南县，贵州的正安县、盘州市，在每个县按照人口加权抽样方法抽取19个村，在每个村随机抽取12个农户，最后确定3省6县114个村1 368个农户的调研样本，随后在2012年、2015年和2018年对调研样本进行了追踪调研，形成了跨度为8年的四轮农户调查数据（聂凤英 等，2018）。

由于关于生产多样性、饮食多样性的完整调查始于2012年，因此本研究采用2012年、2015年和2018年三年面板数据进行估计，最终选取2 125个农户作为研究对象，共计4 104个观测值。

9.2.3 变量选择

根据研究假说和实证模型，本章涉及核心变量分别为被解释变量饮食多样化、解释变量农户生产多样性和市场化程度。下面介绍核心变量指标构建方法。

关于饮食多样化。本章采用FAO推荐的家庭食物多样化得分（Household Dietary Diversity Score，HDDS）指标作为衡量农户饮食多样化的核心方法。食物多样化得分指标是指在一定时期内，人们消费不同食物种类的数量。该指标的核心要素包括回顾期和食物种类分组标准，推荐回顾期为1天或7天，即让受访者回忆昨天或是最近7天中各种食物消费情况。食物种类分组通常分为8组或12组。本章采用回顾期为7天，12个食物种类分组的标准（谷物类、块根类、豆类、油类、蔬菜类、水果类、鱼类及制品、肉类、蛋类、奶类、糖类以及调味品类），同Sibhatu et al.（2015）、Sibhatu et al.（2018）的标准一致。在指标构建过程中，各种食物被分为12个组别，受访者需要回答最近7天中是否食用每种食物，如果是，该种食物得分为1，否则为0，将12个食物组得分求和可得到每个农户家庭食物多样化得分。同时，根据食物来源是自产或是市场购买，将饮食多样化得分进一步分解为自产食物多样化和市场食物多样化。

关于农业生产多样性。农业生产多样性是指过去的一年内，农户生产不同农产品种类的数量，针对种类划分标准不同，目前衡量农业生产多样性指标主要有两种，一种是食物种类数简单加总，只要食物不同，就归为不同种类（Sibhatu, et al.，2015）；另一种是对照饮食多样化得分指标构建过程，按照相同的食物种类分组标准，构建农业生产多样性得分（Sibhatu et al.，2018）。如果农户生产中增加了与原有生产中同属一个食物组的不同食物，按照第一种方法，生产多样性得分增加，但是新增食物与原有食物属于同一食物组，对营养多样化贡献较小，这样使得农业生产多样性指标无法很好地匹配饮食多样化，因此，为了与饮食多样化形成对照，本章采用第二种衡量方法构建农业生产多样性得分。

关于市场发展。市场发挥两个方面的作用，一方面，表现为市场可获性，即为农户提供购买平台，市场布局合理，农户可以方便从市场上购买食物，本章采用所在村距离最近的农贸市场距离代表市场可获性；另一方面，表现为市场购买力，随着农业商业化程度提高，农户经营性收入会增加。与此同时，市场发展也会带来非农就业机会的增多，农户可以获得非农收入。不论是农业商业化生产还是非农就业，农户购买力得到了提高。本章分别采用商业化程度和非农收入代表市场购买力，其中，参照 Ogutu et al.（2019）构建方法，每个农产品以其市场销售价格作为权重，将每种农产品产出、销售量分别与该农产品市场销售价格相乘，即可得到每个农户的商业化程度。

$$commercialization_{it} = \sum_{n}^{i=1} P_{it} sales_{it} / \sum_{n}^{i=1} P_{it} production_{it}$$

式中 P_{it} 代表农产品销售价格；$sales_{it}$ 代表农产品销售量；$production_{it}$ 代表农产品产量。

模型中其他控制变量的定义与特征如表 9-1 所示。可以看出，在饮食多样化方面，每个受访农户家庭平均每 7 天摄入的食物种类 8.231 个，其中，消费 9 个食物种类的人数最多，占到 22.6%，然后依次是 8 个（22.3%）、7 个（16.4%）；从食物来源看，受访农户家庭摄入自产食物种类 3.322 个，市场购买的食物种类 5.517 个，可以看出农户食物消费不再局限于自给自足，更多地倾向于通过市场购买来增加食物摄入。

表 9-1 变量的定义与特征

变量	变量的定义	均值	标准差	最大值	最小值
饮食多样化	消费食物种类（0～12）	8.231	1.660	12	3
自产食物多样化	消费食物种类来自于自产食物	3.322	1.851	10	0
市场食物多样化	消费食物种类来自于市场购买	5.517	2.207	12	0
生产多样性	生产食物种类（0～12）	3.994	1.739	9	0
耕地面积	亩	4.648	4.787	60	0
商业化	农产品中通过市场销售的比例（0～1）	0.229	0.278	1	0
家庭人口数量	—	3.427	1.520	12	1
户主年龄	—	52.262	11.247	89	20
男性户主	是否为男性户主（男性 =1，女性 =0）	0.922	0.268	1	0
户主受教育年限	年	6.440	3.592	28	0
市场距离	距离最近的农贸市场距离（千米）	6.890	9.825	400	0.1
非农收入	非农收入取对数形式	7.314	3.950	13.816	0
样本数		4 104			

在生产多样性方面，每个受访农户家庭平均每年生产食物种类 3.994 个，其中，生产 4 个食物种类的人最多，占到 24.4%，然后依次是 5 个（23.6%）、3 个（15.0%）。

在市场方面，对于市场可获性，每个受访农户家庭所在村距离最近的农贸市场平均距离为 6.890 千米；对于市场购买力，农业生产平均商业化程度为 0.229，即产出中只有 22.9% 农产品用来市场销售，可以看出所调查的贫困地区生产商业化程度较低，对于非农收入，79.4% 农户从事非农工作，平均每年非农收入为 19 438.860 元。

9.3 研究结果

9.3.1 农业对农户食物安全的影响

在回归方法选择上，以往研究（Sibhatu et al.，2015；Pellegrini et al.，2014；

Powell et al.，2015；Jones，2017；Koppmair et al.，2017；Sibhatu et al.，2018）大多采用泊松回归，但是泊松回归的缺陷是假设方差与均值相等。农户饮食多样化的均值显著大于方差，不适用泊松回归，参照 Ayenew et al.（2018）和黄泽颖等（2019）方法，本章采用面板 OLS 回归模型，利用 Hausman 检验认为应该使用固定效应模型，并考虑到所用数据可能具有时间效应，故采用双向固定效应模型（FE-TW）进行研究。为了进行比较，同时也进行了固定效应模型（FE）和随机效应模型（RE）估计。

本研究以农户饮食多样化作为因变量，以农户农业生产多样性、市场距离、商业化程度和非农收入为自变量，耕地面积、家庭人口数、户主年龄、户主性别、户主受教育程度作为控制变量来进行分析（表 9-2）。

表 9-2　农业生产多样性、市场发展对农户饮食多样化影响分析

影响因素	FE-TW	FE	RE
生产多样性	0.166***	0.109***	0.106***
	（0.026）	（0.025）	（0.015）
非农收入	0.042***	0.051***	0.065***
	（0.010）	（0.010）	（0.007）
市场距离	-0.014***	-0.017***	-0.017***
	（0.005）	（0.005）	（0.004）
商业化	0.248**	0.304**	0.190**
	（0.135）	（0.137）	（0.100）
耕地面积	0.023**	0.031***	0.026***
	（0.009）	（0.009）	（0.005）
家庭人口数量	0.016	0.013	0.087
	（0.030）	（0.030）	（0.018）
户主年龄	-0.006	0.003	-0.003
	（0.006）	（0.005）	（0.003）
男性户主	0.444***	0.334**	-0.039
	（0.162）	（0.163）	（0.105）
户主受教育年限	-0.028	-0.019	0.053
	（0.017）	（0.017）	（0.008）

续表

影响因素	FE-TW	FE	RE
年份固定效应	Y	N	N
样本量（N）	4 104	4 104	4 104
R^2	0.073	0.042	0.028

（1）农业生产多样性对饮食多样化的影响作用分析。由表 9-2 所示，在 FE-TW 模型中，农业生产多样性对饮食多样化具有显著的正向影响，即在其他变量不变情况下，农业生产的食物种类越多，提供给农户选择越多，使他们摄入食物种类越多样化。对比 FE 模型和 RE 模型，也可以得到农业生产多样性显著地正向影响饮食多样化的结论，支持假说 1。

（2）市场发展对饮食多样化的影响作用分析。市场距离显著地负向影响了农户饮食多样化，即所在村与最近农贸市场的距离越近，农户通过市场购买食物越方便，从而增加其饮食多样化；商业化程度对饮食多样化具有显著的正向作用，即在其他变量不变条件下，随着农业商业化发展，农户购买力越强，其饮食多样化程度将增加；类似地，非农收入增加也会对农户饮食多样化产生正向影响，与 FE-TW 模型结果类似，在 FE 模型和 RE 模型中可以得到类似的结论，支持假说 2。

（3）其他控制变量对饮食多样化的影响作用分析。此外，回归结果还显示，农户家庭拥有耕地面积对饮食多样化具有显著的正向作用，即耕地面积越大，农户的饮食多样化越高；相对于女性户主，男性户主家庭饮食多样性较高。

9.3.2 农业对农户食物安全的影响路径分析

本节进一步验证农业对农户食物安全的影响路径。考虑到农业生产多样性对饮食多样化的影响正效应会随着农业商业化程度的变化而变化，本研究将对样本农户进行分组，探讨不同商业化程度下农业生产多样性与饮食多样化之间的影响机理和传导路径。参照连玉君等（2017）提出处理面板模型方法，即预先手动消除个体效应，在此基础上采用最大似然法进行结构方程模型估计，通过路径图和效应值量化农业生产多样性对饮食多样化的作用路径和强度。

采用结构方程模型来分析农业生产与饮食多样化之间的内在关系。结构方程模型可以分为两个模型：一是测量模型，提供一种处理不能直接观测到的潜在变量方法，用来衡量观测变量与潜在变量之间的关系；二是结构模型，用来量化不同变量之间可能存在的相关关系。不同于传统的线性回归方程，结构方程模型可以允许多个因变量，并且同时检验一批变量之间的结构关系。因此，采用结构方程模型中的结构模型来分析农业对农户饮食安全的传导路径。

从表 9-3 可以看出，本章采用三个指标来评价模型与数据的拟合程度（林雄斌 等，2018），其中 χ^2 自由度比值是衡量模型与实际数据之间匹配程度，两组比值均小于 3，说明模型拟合较好；但是 χ^2 自由度比值指标容易受样本量干扰，因此需要同时参考其他适配度指标 RMSEA（Root Mean Square Error of Approximation）和 CFI（Comparative Fit Index），两组指数均在拟合范围之内，说明两组结构方程模型总体上是可以接受的，可以做路径分析。

表 9-3 理论模型的拟合结果

统计检验量	适配的标准或临界值	检验的结果数据	
		较低商业化程度	较高商业化程度
χ^2 自由度比值	小于 3	2.042	0.816
RMSEA 值	＜0.050	0.027	0.000
CFI 值	＞0.900	0.985	1.000

表 9-4 为按商业化程度分组的变量描述性统计，通过均值比较，两组农户在饮食多样化、商业化生产多样性、耕地面积、商业化程度、户主受教育程度和农业现金收入六个变量上存在显著性差异，且处于较高商业化程度组的农户高于较低商业化程度组的农户。

表 9-4 按商业化程度分组的变量描述性统计

变量	较低商业化程度（商业化＜51.38%）		较高商业化程度（商业化≥51.38%）		均值差异（t 值）
	均值	标准差	均值	标准差	
饮食多样性	8.283	0.043	8.579	0.093	-0.296^{***}
生产多样性	4.147	1.691	4.010	1.559	0.137
商业化生产多样性	0.571	0.020	1.424	0.534	-0.853^{***}
耕地面积	4.579	0.116	5.864	0.321	-1.285^{***}

续表

变量	较低商业化程度（商业化＜51.38%）		较高商业化程度（商业化≥51.38%）		均值差异（t值）
	均值	标准差	均值	标准差	
商业化	0.127	0.004	0.742	0.008	−0.616***
家庭人口数量	3.464	0.040	3.427	0.087	0.036
户主年龄	52.963	0.287	51.625	0.565	1.338**
男性户主	0.922	0.007	0.929	0.015	−0.007
户主受教育年限	7.123	0.072	7.630	0.154	−0.507***
市场距离	6.846	0.206	7.119	0.428	−0.273
农业现金收入	4.071	0.104	9.125	0.090	−5.054***
非农收入	7.228	0.104	7.306	0.232	−0.078
样本数	1 467		309		1 776

在较低商业化程度下（图 9−2），首先，农业生产多样性能直接作用于饮食多样化，该路径系数为 0.070，且在 5% 水平下显著通过检；在间接效应上，农业生产多样性主要通过三个路径对饮食多样化产生作用。一是农业生产多样性对农业现金收入标准化路径系数为 0.263，农业现金收入对饮食多样化标准化路径系数为 0.043，且均在 1% 的显著水平下通过检验，农业生产多样性通过影响农业产量等因素导致农业收入增加，更有利于增加饮食多样化；二是农业生产多样性对商业化农业生产多样性标准化路径系数为 0.100，商业化农业生产多样性对农业现金收入标准化路径系数为 3.372，农业现金收入对饮食多样化标准化路径系数为 0.043，且均在 1% 的水平下通过检验，发展农业生产多样性，可以提高用于市场销售农产品品种，从而增加农业现金收入，促进其饮食多样化；三是如果用于市场销售农产品品种不能完全售出，也可以通过自食路径来改善饮食多样化，商业化农业生产多样性对饮食多样化标准化路径系数为 −0.181，且在 5% 的显著水平下通过检验，增加用于市场销售农产品品种，产出中留做自己食用部分会减少，削弱了农业通过自产自食路径作用。

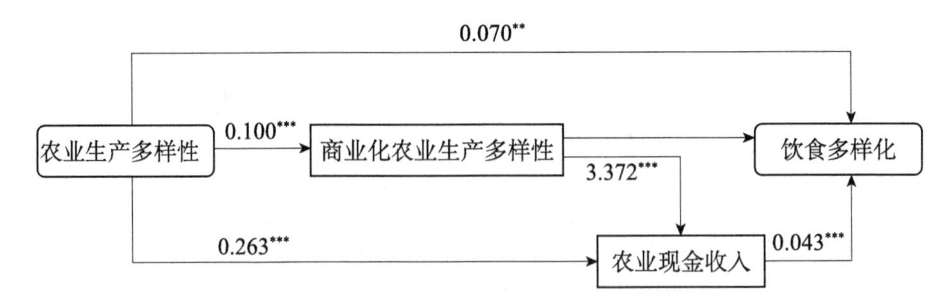

图9-2　基于结构方程模型的路径和强度（较低商业化程度组）

注：所有路径系数为标准化后的值，表示自变量变化 1 个标准差将影响因变量变化的标准差。

在较高商业化程度下（图 9-3），首先，农业生产多样性能直接作用于饮食多样化，该路径系数为 0.159，且在 5% 的显著水平下通过检验；在间接效应上，农业生产多样性对饮食多样化的路径呈现差异：一是农业生产多样性对农业现金收入标准化路径系数为 0.392，农业现金收入对饮食多样化标准化路径系数为 0.062，农业生产多样性通过影响农业产量等因素导致农业收入增加，可以增加饮食多样化；二是农业生产多样性对商业化农业生产多样性标准化路径系数为 0.131，且在 1% 水平下显著，但商业化农业生产多样性对农业现金收入影响结果并不显著，也就是说明，虽然农业生产多样性可以在一定程度上提高用于市场销售农产品品种，但无法弥补单一种植带来的规模效益，无法获得更多的农业现金收入；三是商业化农业生产多样性通过自食路径对饮食多样化作用也不显著。在商业化程度较高的农户中，农业生产多样性以增加用于商业化农产品品种为中间变量而间接影响饮食多样化的路径系数不显著。

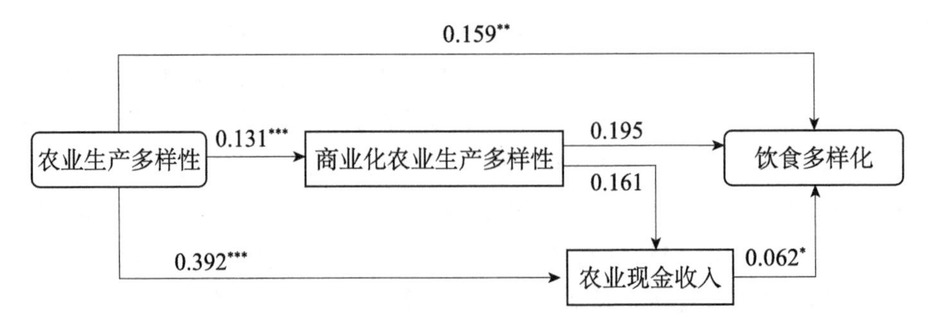

图9-3　基于结构方程模型的农业生产对农户食物安全影响的路径和强度（较高商业化程度组）

为了更直接比较不同商业化程度下农业生产多样性与饮食多样化之间的传导机制，将以上影响效应分成两类：一类是将直接效应以及商业化农业生产多样性通过自食路径的间接效应归为食物路径；另一类是将以农业现金收入为中间变量而间接影响饮食多样化的间接效应归为现金路径，以及两类路径加总的总体效应，将结果汇总于表 9-5。

表 9-5 按商业化程度分组的农业生产多样性对饮食多样化的总体效应、自食路径和市场销售路径

项目	较低商业化程度		较高商业化程度	
	估计值	比例	估计值	比例
总效应	0.077	100%	0.183	100%
通过食物路径	0.052	67.79%	0.159	75%
农业生产多样性直接效应	0.070		0.159	
商业化农业生产多样性通过自食	-0.018			
通过现金路径	0.025	32.47%	0.024	25%
商业化农业生产多样性通过农业现金收入	0.011			
农业生产多样性通过农业现金收入	0.014		0.024	

注：所有路径系数为标准化后的值，表示自变量变化 1 个标准差将影响因变量变化的标准差。

首先，在总体效应方面，较低商业化程度组和较高商业化程度组路径系数分别为 0.077 和 0.183，而且较低商业化程度组的总体效应低于较高商业化程度组，即伴随着农业商业化程度提高，农业生产多样性对饮食多样化影响作用并不会削弱。

其次，将影响作用划分为食物路径和现金路径两个类别，无论是在较低商业化程度还是较高商业化程度下，农业生产多样性对饮食多样化的贡献更多是通过自产自食方式产生，占到总效应 67% 以上，而且在较高商业化程度组所占比例更大，也就是说，商业化程度并不会对自产形成挤出效应，这也与一些研究结论一致（Jones，2017；Ogutu et al.，2019）。

在食物路径方面，有两个主要途径：一是通过丰富自产农产品品种来提高饮食多样化；二是增加用于市场销售农产品品种，但是可能不能完全售出，因此也会通过自食路径改善饮食多样化。相比较，第一种途径是自食部分主要来源，而且在较低商业化程度组，发展商业化农业生产会削弱农业通过食物路径作用。

在现金路径方面，有两个主要途径：一是通过丰富商业化农产品品种来增加农业收入；二是通过产量增加影响农业收入，从而改善饮食多样化。在较低商业化程度组中，两种路径都是主要来源，但是在较高商业化程度中，只有第二种路径。

对于商业化程度较高组，增加用于市场销售农产品品种，无论是通过食物路径，还是现金销售路径，对饮食多样化影响都不显著。在商业化程度较低组，市场销售更多通过规模效益，而不是通过品种多样性，发展品种多样性不是最优选择；对于较低商业化程度组，增加用于市场销售农产品品种，可以引起自产食物和市场销售之间发生替代，但是比起增加农业收入，自产食物损失更为严重。

9.4 结论及建议

基于陕西、云南、贵州贫困地区农户三年面板数据，采用双向固定效应模型，探讨了农业生产多样性、市场发展与饮食多样化之间的关系。研究表明，农业生产多样性可以提高农户饮食多样化程度，同时发展饮食多样化不能仅仅依靠农业生产，市场发展也是影响饮食多样化的显著因素；采用结构方程模型，以探究农业生产对农户食物安全影响的内在结构和传导机理，结果表明，农业生产多样性通过食物和现金两条路径影响饮食多样化，而且食物路径影响的强度要大于通过农业现金收入、商品化农业生产多样性等现金路径影响饮食多样化的强度。发展农业商业化并不会对食物路径形成挤出效应，与此同时发展商业化的关键在于规模，而不是种类，尤其是对于商业化程度较低的农户，增加商品化农产品种类，反而会对其饮食多样化带来负面影响。

上述研究结论对促进农户食物安全发展具有清晰的政策含义。

第一，农业生产本身并不是最终目标，而是实现多目标的一种手段。过去农业发展仅仅强调其在产量和收入方面的影响，目前已有研究已经验证了农业生产多样性对环境的影响，除此之外，农业多样性在提高人们营养和健康方面也具有重要意义，在农业政策体系构建中应考虑营养目标，促进农业生产与营养一体化协调发展，从而更有效地改善营养与健康状况。

第二，促进农业生产多样性与推动农业商品化发展并不是矛盾的，随着农业商品化程度提高，并不会对食物路径形成挤出效应，反而由于种植规模的扩大呈现促进作用，与此同时能够提高农户食物购买力，从而促进饮食多样化。所调查地区的农业生产平均商品化率不足 24%，农业商品化程度普遍较低，农户参与市场意识还不强。因此，一方面，需要营造适宜农业商品化发展的外部环境，包括完善农产品从生产、加工、运输到销售全产业链的建设，实现小农户与大市场之间顺畅对接；另一方面，激发农业商品化发展的内生动力，加强农业教育和农业技术培训，使农户转变自给自足的思想观念，增强市场意识，同时采用适应市场发展的农业技术，使农业要素得到进一步地优化。

第三，发展商业化的关键在于规模，而不是种类。从农户层面来看，促进农业生产多样性与推动农业商品化发展并不是矛盾的，但并不是意味着需要提高每种农产品商品化率，尤其针对较低商业化程度的农户，增加商品化农产品种类，反而会对饮食多样化带来负面影响；同时，可以发现无论在较低商业化组还是较高商业化组农户，其饮食中蔬菜、块茎类食物更多来自于自己生产，因此，改善贫困地区农户营养健康，一方面，根据膳食营养指导，结合自身实际情况，丰富自食农产品品种；另一方面，依托于当地自然和经济优势，选择少数品种集中发展商品化，提高商业化程度，提高农户购买力，从而促进饮食多样化。

参考文献

黄泽颖，孙君茂，郭燕枝，等，2019. 农民的农业生产多样性对其饮食多样化和营养健康的影响[J]. 中国农业科学，52（18）：3108-3121.

连玉君，廖俊平，2017. 如何检验分组回归后的组间系数差异[J]. 郑州航空工业管理学院学报，35（6）：97-109.

林雄斌，杨家文，陶卓霖，等，2018. 交通投资、经济空间集聚与多样化路径：空间面板回归与结构方程模型视角[J]. 地理学报，73（10）：1970-1984.

聂凤英，毕洁颖，黄佳琦，等，2018. 中国贫困县农户食物安全及脆弱性研究[M]. 北京：中国农业科学技术出版社.

ARIMOND M, RUEL M T, 2004. Dietary diversity is associated with child nutritional status: Evidence from 11 demographic and health surveys[J]. Journal of Nutrition, 134（10）: 2579-2585.

ARIMOND M, WIESMANN D, BECQUEY E, et al., 2010. Simple food group diversity indicators predict micronutrient adequacy of women's diets in 5 diverse, resource-poor settings[J]. Journal of Nutrition, 140（11）: 2059S-2069S.

AYENEW H Y, BIADIGILIGN S, SCHICKRAMM L, et al., 2018. Production diversification, dietary diversity and consumption seasonality: panel data evidence from Nigeria[J]. BMC Public Health, 18（1）: 988-997.

HEADEY D, ECKER O, 2013. Rethinking the measurement of food security: From first principles to best practice[J]. Food Security, 5(3): 327-343.

JONES A D, 2017. On-Farm Crop species richness is associated with household diet diversity and quality in subsistence- and market-oriented farming households in Malawi [J]. The Journal of Nutrition, 147(1): 86-96.

JONES A D, SHRINIVAS A, BEZNER-KERR R, 2014. Farm production diversity is associated with greater household dietary diversity in Malawi: Findings from nationally representative data[J]. Food Policy, (46): 1-12.

KANT A K, SCHATZKIN A, HARRIS T B, et al., 1993. Dietary diversity and subsequent mortality in the First National Health and Nutrition Examination Survey epidemiologic follow-up study[J]. The American Journal of Clinical Nutrition, 57(3): 434-440.

KOPPMAIR S, KASSIE M, QAIM M, 2017. Farm production, market access and dietary diversity in Malawi[J]. Publication Health Nutrition, 20(2): 325-335.

MOURSI M M, ARIMOND M, DEWEY K G, et al., 2008. Dietary diversity is a good predictor of the micronutrient density of the diet of 6- to 23-month-old children in Madagascar[J]. Journal of Nutrition, 138(12): 2448-2453.

OGUTU O S, GÖDECKE T, QAIM M, 2019. Agricultural Commercialisation and Nutrition in Smallholder Farm Households[J]. Journal of Agricultural Economics, 20 (2): 1-22.

PELLEGRINI L, TASCIOTTI L, 2014. Crop diversification, dietary diversity and agricultural income: Empirical evidence from eight developing countries[J]. Canadian Journal of Development Studies, 35(2): 211-227.

POWELL B, THILSTED S H, ICKOWITZ A, et al., 2015. Improving diets with wild and cultivated biodiversity from across the landscape[J]. Food Security (7): 535-554.

REMANS R, FLYNN D F B, DECLERCK F, et al, 2011. Assessing nutritional diversity of cropping systems in African villages[J]. PLoS One, 6(6): e21235.

STEYN N P, NEL J H, NANTEL G, et al., 2006. Food variety and dietary diversity scores in children: Are they good indicators of dietary adequacy[J]. Public Health Nutrition, 2006, 9(5): 644-650.

SIBHATU K T, KRISHNA V V, QAIm M, 2015. Production diversity and dietary diversity in smallholder farm households[J]. Proceedings of the National Academy of Sciences of the United States of America, 112(34): 10657-10662.

SIBHATU K T, QAIM M, 2018. Farm production diversity and dietary quality: linkages and measurement issues[J]. Food Security, 10(1): 47-59.

World Bank, 2008. From Agriculture to Nutrition: Pathways, Synergies and Outcomes. Washington: World Bank.

10　外出务工与农村留守家庭成员的食物消费

贫困地区相对落后的经济发展致使剩余劳动力大量存在，外出务工已成为贫困地区农户面临“发展困境”时的主要选择。根据国家统计局数据，2019 年，我国贫困地区农村居民的工资性收入为 4 082 元，占人均可支配收入的 35%，工资性收入对贫困地区农村居民增收的贡献率最大，约为 38%，可见外出务工是贫困地区农村居民增收的主要来源。外出务工使得劳动者发生职业（离土）与地理（离乡）上的流动，多数农村地区劳动力从农业部门转向非农部门，由农村转向城镇（朱农，2004；韩佳丽，2019）。外出务工所转移的多数是农村青壮年劳动力，因此农村家庭中妇女、儿童、老人的比重上升（邹湘江等，2013），这会使得原有农村社会人口结构呈现女性化、老龄化的趋势（李小云，2006；卢海阳等，2013）。贫困地区人口结构的快速改变，使得留守农户的生计策略、收入来源、生活生产环境随之也发生了变化，消费结构因此也会产生调整。

在上述宏观背景下，食物消费作为消费中最为重要的一环，直接影响贫困地区农村居民的健康生活水平和人力资本质量。一方面“就业扶贫”推动的农村青壮年劳动力转移到城市可能会增加留守农村居民的转移性收入，增强食物购买力；另一方面劳动力转移带来的留村家庭成员减少可能导致留村居民的膳食模式简化，对食物安全带来负面影响。由此带来的影响可能是有利于农户食物消费状况的改善，但也有可能带来不利影响。为了回答上述问题，本章从外出务工角度研究西部贫困地区在家成员的不同类型食物消费情况及其带来的影响。本章内容安排如下：第一部分梳理总结相关文献；第二部分是模型设定及变量说明；第三部分是模型估计结果及分析；最后是结论及建议。

10.1 文献回顾

劳动力转移不仅对外出务工人员自身消费行为产生影响（孙华 等，2014；李隆玲 等，2016；Han et al.，2016），也通过收入结构（李树茁 等，2011；Nguyen et al.，2017；王芳，2020）、生产方式（李琴 等，2009；盖庆恩 等，2014）、家庭偏好（侯木缘 等，2018）等路径影响了农村家庭成员的消费行为。具体分析，收入结构方面，外出务工的主要目的就是提高收入，改善生活质量。外出务工人员的工资汇款对留守家庭的总体收入可能产生正向影响（王美艳，2012；Bouiyour et al.，2016；刘一伟，2018），从而促进家庭消费；但也有研究认为外出务工带来生产性收入的下降大于汇款收入的增加（李聪 等，2010；钱文荣 等，2011），收入结构优化不合理，不利于生存性支出的改善。农业生产方面，农村家庭消费受到农业生产的影响一方面来源于农业经济收入（彭小辉 等，2013），另一方面是自产粮食消费的变化（娄峰 等，2012）。农业生产所受影响较为复杂，不同的农村所处区位（钟甫宁 等，2016）、家中外出务工人数占比（王子成，2012；王翌秋 等；2016）、外出者家庭身份（钱文荣 等，2011）或是外出时间（王子成，2015）都会对农业生产率产生影响，从而影响生产性收入和生产性消费。但大多研究都认同适当的外出务工比和汇款对当地农业生产率产生正向影响（Adams，1998；Rozelle et al.，1999；Taylor et al.，2003；明辉 等，2016；陈宏伟 等，2020），从而促进农户的自产粮食消费需求和一般消费需求，提升农户消费效用。家庭决策方面，由于性别工资和传统观念的影响，家庭中原有决策者的男性外出务工，女性逐渐在家庭消费上占据更大发言权（吴惠芳，2011；陈会广 等，2014）。农村女性会受到城市职业女性的示范效应和带动作用影响，因此留守妇女更倾向于增加现期消费，延迟为未来储蓄（侯木缘 等，2018）。

食物消费在消费结构中占据独特的位置，尤其是在贫困地区，食物作为“必需品”影响着居民的健康和发展（张车伟 等，2002）。有关外出务工与留守家庭成员食物消费研究中，多数是对农户食物消费的总量和简单分类的研究（周建 等，2013；袁国方 等，2014；王子成 等，2015）也有少量对特定种类食物消费的研究（李雷 等，2019），较少全面分析不同种类的农村居民食物消费。根据对已有文献的回顾梳理，外出务工带来的农村劳动力结构变化会通过工资性收入增加、农业生产率提高和妇女决策权上升等途径提高农村家庭的食物消费。

外出务工对留守家庭食物消费改变的影响路径见图 10-1。

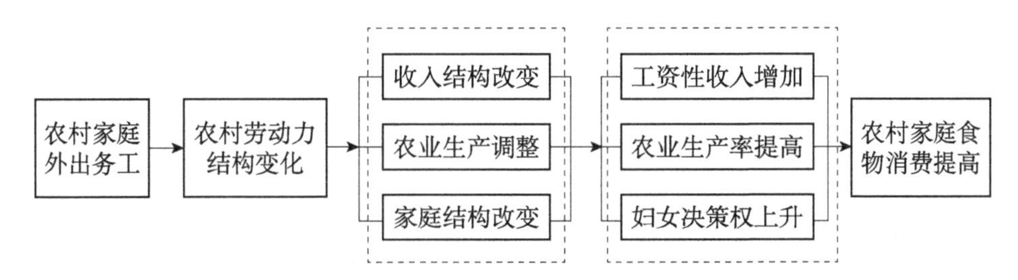

图10-1 外出务工对留守家庭食物消费改变的影响路径

目前，国内外对于劳动力转移和食物消费的研究并不充分，尤其是对于贫困地区，而农村留守家庭的食物消费问题关乎农村居民的营养和健康以及人力资本发展的问题，亟须探讨分析。文章利用2012年、2015年和2018年三年的微观农户数据对外出务工和细分的家庭食物消费结构进行分析，同时通过调整因变量和使用倾向得分匹配法（PSM）来降低内生性问题，以求获得更加准确的结论。

10.2 研究设计

10.2.1 实证方法

本研究建立以下实证模型度量外出务工对其家庭留守人员食物消费的影响：

$$Y=\beta_0+\beta_1 X+\beta_i Controls_i+\varepsilon$$

式中，被解释变量Y为三类食物消费指标：食物总消费、恩格尔系数，以及13种细分食物的消费。因为食物调查中采用农户回顾过去30天的各食物消费情况，故而本研究的食物总消费数据和食物消费分类数据均为月度消费数据，恩格尔系数是食物总消费占总消费的比重。核心解释变量X为是否有家庭成员外出务工，即区分有无外出务工人员的0～1虚拟变量。*Controls*为系列控制变量，具体包括家庭特征指标、个人特征指标和自然特征指标。ε是随机扰动项。

家庭特征指标。参考已有文献（谭涛 等，2014；李傲 等，2020），选取6类家庭特征指标：人均家庭年收入、儿童比重、老人比重、家庭财富指数、家庭是否负债，以及到最近市场的距离。其中，人均家庭年收入是农户家庭当年所有收入的总和除以农户家庭总人数；儿童比重包括0～5岁儿童占家庭总人数的比重和5～14岁儿童人数占家庭总人数的比重；老人比重是65岁以上老人人数占家庭总人数比重；家庭财富指数衡量了一个家庭的富裕程度，涵盖了住房条件、家庭耐用品、生产性资产、交通工具和家庭饮水和用电等方面的综合指数（聂凤英 等，2011），数据越大，代表家庭财富越充足；家庭是否负债中 1 表示存在负债，0 表示不存在负债；到最近市场的距离是农户家距离最近的市场或集市的距离，用千米数表示。

个人特征指标。本研究个人特征指标选取的是对消费决策影响较为显著的户主个人特质，包括性别（男性 =1，女性 =2）、年龄和受教育年限三个指标。

自然特征指标。农业生产对农户的消费行为有一定影响，故而需要控制和生产相关的部分变量，这里选取是否经历自然灾害（是为 1，否为 0）、是否受到其他灾害（是为 1，否为 0）以及耕地面积三个指标。

由于数据涉及 6 个县域，模型对区域进行固定，同时考虑到可能随时间变化的遗漏变量影响情况，这里再继续引入时间虚拟变量，构建的区域和年份双向固定效应模型如下：

$$Y=\beta_0+\beta_1 X_{it}+\beta_i Controls_{it}+\beta_3 T+\varepsilon_{it}+\mu_i$$

模型中 i 表示个体，t 表示时间，T 为年份虚拟变量，μ_i 表示不可观测区域效应，ε_{it} 为随机扰动项。为了减少异质性，食物总消费数据和食物消费分类数据变量以及人均家庭收入变量均取对数。

10.2.2 数据来源和变量

研究使用的数据来源于中国农业科学院农业信息研究所建立的“中国贫困县农户贫困与食物安全跟踪调查”面板数据库。使用的数据涵盖 2012 年、2015 和 2018 年对陕西省镇安县和洛南县、云南省武定县和会泽县、贵州省正安县和盘州的农户调查数据，2012 年和 2015 年每轮样本量为 1 368 户，2018 年样本量为 1 371 户，三轮总样本量为 4 107 户。在调查期间，上述各县均是国家级贫困县。数据收集采用入户调查的方式，采用多阶段抽样方法确定样本农户。第一阶段，采用按照人口加权的抽样方法（PPS）在各县随机抽取 19 个村，人口越多的村抽到的概率越大。第二阶段，采用随机抽样的方法，在每个样本村中随机抽取 12 户农户。这样，每个县抽取 19 个村 228 户，6 个县共抽取 114 个村 1 368 户农户。问卷内容包括家庭基本情况、住房和生活条件、家庭财产与财务状况、农业、生计、支出、食物来源和消费以及冲击和应对策略等内容。本研究使用的食物消费数据包括 13 个食物类别：谷类（糯米及其制品、大米及其制品、玉米及其制品、面粉及其制品）、豆类（大豆、杂豆及豆腐豆浆等豆制品）、薯类（马铃薯和红薯)、蔬菜类(果菜、叶菜、菜豆及其他蔬菜)、水果类、水产品类(鱼、虾、蟹、贝、藻类等水产品)、肉类(猪牛羊肉及禽肉)、蛋类、奶制品(鲜乳品、奶粉及酸奶)、油脂类(植物油和动物油)、调味品(大酱、酱油、食用醋、味精、糖、盐)、饮品(酒类及饮料)和其他(其他食物及在外饮食)。图 10-2 和表 10-1 是主要变量的描述性统计。

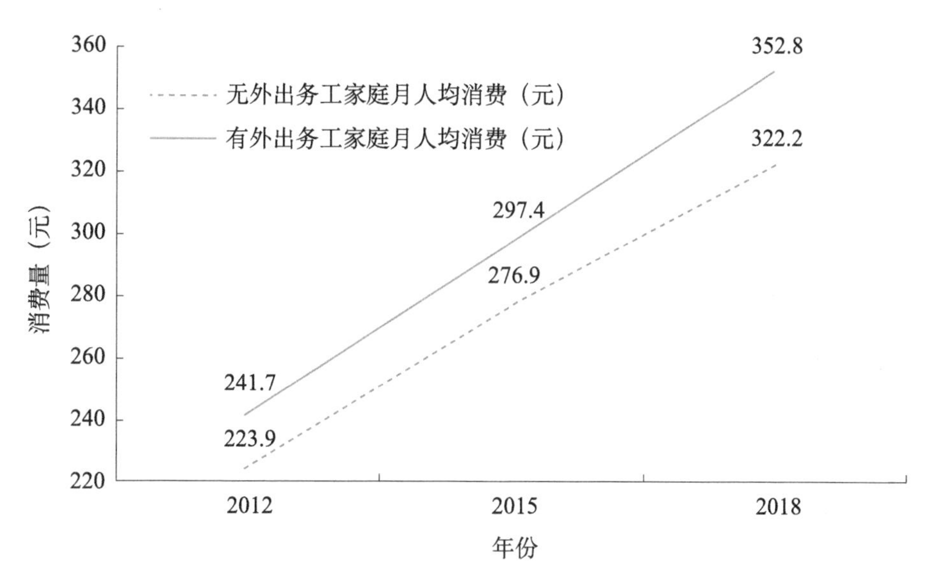

图10-2　2012—2018年家庭月人均消费支出分类

(数据来源:根据农户调查数据计算得出。)

表 10-1　相关变量的描述性统计

变量	2012 年(n=1 368)		2015 年(n=1 368)		2018 年(n=1 371)	
	均值	标准差	均值	标准差	均值	标准差
食物消费支出(元 / 月)对数	5.273	0.594	5.467	0.603	5.607	0.661
恩格尔系数	0.330	0.175	0.322	0.183	0.320	0.181
是否外出务工(是 =1,否 =0)	0.593	0.491	0.569	0.495	0.610	0.488
人均收入(元)对数	8.917	0.931	8.975	0.987	9.105	1.142
户主性别(男 =1,女 =2)	1.093	0.291	1.061	0.239	1.086	0.281

续表

变量	2012年（n=1 368）		2015年（n=1 368）		2018年（n=1 371）	
	均值	标准差	均值	标准差	均值	标准差
户主年龄（岁）	50.659	11.134	52.107	11.127	53.894	11.252
户主教育年限（年）	6.585	3.665	6.306	3.501	6.440	3.610
（0，5］岁儿童占比（%）	0.060	0.117	0.062	0.123	0.071	0.130
（5，14］岁儿童占比（%）	0.057	0.123	0.051	0.118	0.040	0.104
65岁以上老人占比（%）	0.127	0.247	0.147	0.270	0.191	0.305
家庭财富指数	−0.493	1.86	0.148	1.720	0.908	2.044
家庭是否负债（是=1，否=0）	0.612	0.488	1.395	0.489	1.425	0.494
到最近市场的距离（公里）	6.639	8.556	6.708	7.917	6.519	12.555
是否经历了自然灾害（是=1，否=0）	0.842	0.365	0.618	0.486	0.430	0.495
是否受到其他灾害（是=1，否=0）	0.700	0.459	0.519	0.500	0.255	0.436
耕地面积（亩）	5.587	7.356	6.318	14.651	4.499	11.286

从图10-2从可以看出，样本农户每月的人均家庭消费保持稳定上升的趋势。其中有外出务工人员的农村家庭月人均消费支出从2012年的241.7元增长到了2018年的352.8元，明显高于无外出务工人员的农村家庭。增速上来看，有外出务工家庭月人均消费增速略大于无外出务工人员家庭。表10-1显示的是相关变量的描述性统计，其中消费数据为月度数据，收入数据为年度数据，考虑消费受到长期收入的影响，故没有统一将消费简单处理为年度数据。可以看出，各项食物消费支出和收入大体上呈现出增长趋势，有外出务工人员的家庭变化不大。家庭特征方面，幼儿即（0，5］岁儿童占比和老人占比（65岁以上老人）明显增加，学龄即（5，10］岁儿童占比有所下降，符合老龄化预期。

10.3 实证结果及分析

10.3.1 外出务工对农村留守人员食物消费的影响

首先对食物总支出和恩格尔系数进行分析。表 10-2 第 1 列和第 2 列是外出务工对食物总消费的影响，结果显示，外出务工显著促进了农村家庭的食物总支出，其中收入和家庭财富对食物总支出的贡献为正，儿童占比对食物总支出有显著负向影响。第 3 列和第 4 列是外出务工对家庭恩格尔系数的影响，可以看出，家庭中存在外出务工人员会降低家庭的恩格尔系数，提升家庭的富裕程度。其他变量中，0～5 岁儿童占比和 65 岁以上老人占比对恩格尔系数正向影响，即提升家庭消费中食物的占比，这可能是因为处于这两个年龄阶段的居民对于其他消费的需求，更加倾向食物需求。户主特征中的各项指标均不显著，说明贫困地区中女性户主对于食物消费支出的决策尚未显现出来。

表 10-2　外出务工对农村留守人员食物消费总支出和恩格尔系数的影响

被解释变量	食物总支出对数		恩格尔系数	
	（1）	（2）	（3）	（4）
是否外出务工	0.068***	0.047**	-0.029***	-0.039***
	（0.019）	（0.020）	（0.006）	（0.006）
人均收入对数	0.193***	0.210***	-0.008***	-0.003
	（0.010）	（0.010）	（0.003）	（0.003）
（0，5］岁儿童占比	-0.447***	-0.455***	0.091***	0.073***
	（0.082）	（0.085）	（0.024）	（0.025）
（5，14］岁儿童占比	-0.519***	-0.544***	-0.124***	-0.119***
	（0.078）	（0.080）	（0.022）	（0.023）
65 岁以上老人占比	-0.042	-0.022	0.038***	0.040***
	（0.039）	（0.040）	（0.013）	（0.013）
家庭财富指数	0.040***	0.055***	-0.020***	-0.017***
	（0.006）	（0.006）	（0.002）	（0.002）

续表

被解释变量	食物总支出对数		恩格尔系数	
	（1）	（2）	（3）	（4）
家庭是否负债	0.026	0.084***	0.027***	0.010**
	（0.018）	（0.015）	（0.005）	（0.005）
到最近市场的距离	-0.001	-0.000	-0.001**	-0.001***
	（0.001）	（0.001）	（0.000）	（0.000）
是否经历了自然灾害	-0.015	-0.029	-0.006	0.001
	（0.021）	（0.021）	（0.006）	（0.006）
是否受到其他灾害	-0.022	-0.049**	-0.037***	-0.028***
	（0.019）	（0.019）	（0.006）	（0.006）
耕地面积	0.000	-0.000	0.000*	0.001*
	（0.001）	（0.001）	（0.000）	（0.000）
常数项	3.259***	3.593***	0.302***	0.359***
	（0.117）	（0.118）	（0.035）	（0.035）
户主特征变量	Y	Y	Y	Y
区域效应	Y	N	Y	N
年份效应	Y	N	Y	N
样本观测值	3 830	3 830	3 831	3 831
组内 R^2	0.194 2	0.175 5	0.042 6	0.039 5

表 10-3 是对所有 13 个品类进行双向固定回归后的结果，总体来看，外出务工的确促进了农村留守家庭的食物消费，主食类（谷物、豆类和薯类）有着显著促进作用，对薯类的促进作用最大（0.183），其次是豆类（0.141），谷物的影响在主食中最小（0.115）。从系数上看，蔬菜（0.069）和水果（0.061）受到的促进效果相差不大，但是蔬菜更为显著。在水产品、肉类、蛋类和奶制品这四种食物中，蛋类的提升效果最为明显（0.156），肉类也有相对提升（0.090），但是系数较小。油类（0.109）和调味品（0.155）也受到了明显的促进效果。

对控制变量进行分析发现（表 10-3），人均收入在各个食物品类中均显著促进了其消费，对于肉类（0.225）、水产品（0.186）、豆类（0.177）、蛋类（0.148）等富含蛋白质的食物，蔬果（0.159）等富含维生素的食物以及油脂（0.143）、调味（0.131）等提升生活品质的食物的促进作用都较大，对于谷物（0.053）、薯类（0.073）等主食的促进效果较小，这符合一般经验。儿童及老人占家庭人口比重对食物消费有负向影响，这一方面是因为，相比于青壮年，老人和儿童的食物消费数量小，另一方面可能是存在预防性的储蓄行为（如老人治病、儿童上学），因此降低了食物类的支出。家庭财富指数方面，分析与收入行为类似，高财富家庭的谷物和薯类支出降低，而肉类、豆类、蔬果、油盐等的支出则提升，其中财富对于其他品类的影响最大，即高财富家庭对于零食购买、外出用餐等行为有促进作用。市场距离对食物消费没有较大的影响，说明农村居民在食物购买上不存在较大的市场阻碍。同时耕地面积对食物消费也没有太多影响，即农村居民的生产并没有显著影响食物消费。综上来看，人均收入和财富对于食物消费的影响最为显著，符合预期的影响路径。

表 10-3　外出务工对农村留守人员食物消费支出的影响

被解释变量	谷物 （1）	豆类 （2）	薯类 （3）	蔬菜 （4）	水果 （5）
是否外出务工	0.115***	0.141***	0.183***	0.069**	0.061
	（0.019）	（0.037）	（0.033）	（0.031）	（0.039）
人均收入	0.053***	0.177***	0.073***	0.159***	0.191***
	（0.010）	（0.020）	（0.017）	（0.015）	（0.020）
（0，5］岁儿童占比	−0.867***	−1.071***	−0.647***	−0.898***	−0.723***
	（0.076）	（0.168）	（0.130）	（0.128）	（0.155）
（5，14］岁儿童占比	−0.431***	−0.632***	−0.449***	−0.640***	−0.295**
	（0.059）	（0.115）	（0.102）	（0.093）	（0.118）
65 岁以上老人占比	−0.083**	0.042	−0.028	−0.043	−0.002
	（0.037）	（0.074）	（0.066）	（0.064）	（0.081）
家庭财富指数	−0.031***	0.007	−0.052***	0.018**	0.067***
	（0.005）	（0.011）	（0.009）	（0.009）	（0.012）

续表

被解释变量	谷物 （1）	豆类 （2）	薯类 （3）	蔬菜 （4）	水果 （5）
家庭是否负债	0.006	0.045	-0.065**	0.026	0.009
	（0.017）	（0.033）	（0.029）	（0.029）	（0.036）
到最近市场的距离	0.002**	-0.002	0.004*	-0.003	-0.004
	（0.001）	（0.003）	（0.002）	（0.003）	（0.003）
是否经历了自然灾害	0.028	0.020	-0.017	0.059*	-0.092**
	（0.020）	（0.040）	（0.034）	（0.033）	（0.040）
是否受到其他灾害	0.008	0.004	0.011	0.003	0.010
	（0.018）	（0.037）	（0.031）	（0.031）	（0.039）
耕地面积	0.001	-0.000	0.001	-0.001	0.000
	（0.001）	（0.001）	（0.001）	（0.001）	（0.001）
常数项	3.398***	0.126	0.660***	0.828***	0.571**
	（0.117）	（0.241）	（0.203）	（0.190）	（0.247）
户主特征变量	Y	Y	Y	Y	Y
区域效应	Y	Y	Y	Y	Y
年份效应	Y	Y	Y	Y	Y
样本观测值	3 829	3 248	3 524	3 725	2 812
组内 R^2	0.083 8	0.068 0	0.041 5	0.309 0	0.142 5

被解释变量	水产品 （6）	肉类 （7）	蛋类 （8）	奶制品 （9）	油类 （10）
是否外出务工	0.115*	0.090***	0.156***	0.161*	0.109***
	（0.067）	（0.031）	（0.036）	（0.087）	（0.026）
人均收入	0.186***	0.225***	0.148***	0.060	0.143***
	（0.035）	（0.017）	（0.018）	（0.042）	（0.013）
（0，5］岁儿童占比	-0.279	-0.834***	-1.029***	1.145***	-0.743***
	（0.240）	（0.131）	（0.142）	（0.290）	（0.113）

续表

被解释变量	水产品 （6）	肉类 （7）	蛋类 （8）	奶制品 （9）	油类 （10）
（5，14］岁儿童占比	−0.522**	−0.693***	−0.580***	−0.650***	−0.535***
	（0.209）	（0.099）	（0.111）	（0.247）	（0.080）
65 岁以上老人占比	−0.145	−0.006	−0.136*	−0.133	−0.018
	（0.179）	（0.066）	（0.077）	（0.154）	（0.054）
家庭财富指数	−0.011	0.046***	0.028***	0.051**	0.001
	（0.017）	（0.009）	（0.011）	（0.025）	（0.008）
家庭是否负债	−0.013	0.040	0.054*	0.003	0.017
	（0.061）	（0.030）	（0.033）	（0.077）	（0.025）
到最近市场的距离	0.000	0.001	0.001	−0.002	−0.003**
	（0.004）	（0.002）	（0.002）	（0.004）	（0.001）
是否经历了自然灾害	−0.015	−0.065*	0.019	−0.029	0.043
	（0.070）	（0.034）	（0.036）	（0.089）	（0.029）
是否受到其他灾害	0.010	−0.042	−0.034	0.008	−0.054**
	（0.067）	（0.032）	（0.036）	（0.086）	（0.026）
耕地面积	−0.002	0.002	0.001	−0.003	−0.002*
	（0.001）	（0.001）	（0.001）	（0.003）	（0.001）
常数项	0.378	0.751***	0.197	2.171***	1.606***
	（0.557）	（0.209）	（0.220）	（0.486）	（0.162）
户主特征变量	Y	Y	Y	Y	Y
区域效应	Y	Y	Y	Y	Y
年份效应	Y	Y	Y	Y	Y
样本观测值	665	3 302	2 579	754	3 804
组内 R^2	0.014 7	0.110 2	0.083 2	0.074 6	0.060 7

续表

被解释变量	调味品 （11）	饮品 （12）	其他 （13）
是否外出务工	0.155***	0.031	-0.048
	（0.029）	（0.053）	（0.059）
人均收入	0.131***	0.241***	0.296***
	（0.015）	（0.026）	（0.033）
(0，5] 岁儿童占比	-0.764***	-1.228***	-0.317
	（0.116）	（0.219）	（0.219）
(5，14] 岁儿童占比	-0.559***	-0.700***	-0.379**
	（0.093）	（0.164）	（0.175）
65 岁以上老人占比	0.046	0.015	-0.264**
	（0.063）	（0.117）	（0.122）
家庭财富指数	0.034***	0.063***	0.106***
	（0.008）	（0.016）	（0.018）
家庭是否负债	-0.006	0.114**	0.045
	（0.026）	（0.050）	（0.054）
到最近市场的距离	0.000	0.004	-0.008**
	（0.002）	（0.003）	（0.003）
是否经历了自然灾害	0.050*	0.030	-0.117**
	（0.029）	（0.056）	（0.059）
是否受到其他灾害	0.008	-0.024	-0.047
	（0.029）	（0.054）	（0.060）
耕地面积	-0.000	0.001	-0.000
	（0.001）	（0.001）	（0.002）
常数项	0.254	0.071	0.870**
	（0.174）	（0.359）	（0.394）
户主特征变量	Y	Y	Y
区域效应	Y	Y	Y
年份效应	Y	Y	Y

续表

被解释变量	调味品 （11）	饮品 （12）	其他 （13）
样本观测值	3 814	2 194	1 863
组内 R^2	0.052 3	0.082 2	0.108 9

10.3.2 稳健性检验

基准回归结果显示，外出务工显著提升了农村家庭留守人员的食物消费，但是结论是否显著，还需要进一步的验证。基于被解释变量和检验方法对结果稳健性的影响，这里采用更换被解释变量、解释变量和使用倾向得分匹配法（Propensity Score Matching，PSM）方法来进行进一步核实。

（1）更换被解释变量

考虑到通货膨胀导致的支出上升，剔除短期价格水平的波动，这里采用消费量来替代消费支出，由于其他食物无法统计消费量，故而仅验证余下 12 个品类，物品以千克为单位。

表 10-4 为估计结果，可以看出除了水果类和饮品类显著性发生改变，其余品类和基准回归保持一致。从系数大小来看，食物支出和食物消费量之间并没有较大差距。总的来看，外出务工依旧促进了农村家庭留守人员的食物消费，对于大多数品类依旧显著。此外，家庭的人均收入和人员结构对于食物消费的影响方向与之前分析一致。

表 10-4 外出务工对农村留守人员食物消费量的影响

被解释变量	谷物 （1）	豆类 （2）	薯类 （3）	蔬菜 （4）	水果 （5）
是否外出务工	0.131***	0.170***	0.188***	0.111***	0.128***
	（0.019）	（0.033）	（0.031）	（0.029）	（0.036）
人均收入	0.052***	0.176***	0.075***	0.135***	0.159***
	（0.009）	（0.018）	（0.016）	（0.013）	（0.018）
（0，5］岁儿童占比	-0.825***	-0.998***	-0.643***	-0.911***	-0.977***
	（0.075）	（0.144）	（0.122）	（0.116）	（0.146）

续表

被解释变量	谷物 (1)	豆类 (2)	薯类 (3)	蔬菜 (4)	水果 (5)
(5，14] 岁儿童占比	−0.414***	−0.504***	−0.543***	−0.367***	−0.595***
	(0.076)	(0.139)	(0.127)	(0.120)	(0.135)
65 岁以上老人占比	−0.055	0.083	−0.027	−0.064	−0.071
	(0.037)	(0.066)	(0.063)	(0.061)	(0.074)
家庭财富指数	−0.044***	−0.014	−0.070***	−0.014*	0.040***
	(0.006)	(0.010)	(0.009)	(0.008)	(0.010)
家庭是否负债	−0.003	0.019	−0.051*	0.018	0.034
	(0.017)	(0.030)	(0.028)	(0.027)	(0.033)
到最近市场的距离	0.003***	−0.003	0.005***	−0.004**	−0.006**
	(0.001)	(0.002)	(0.002)	(0.002)	(0.003)
是否经历了自然灾害	0.018	0.008	−0.000	0.020	−0.010
	(0.020)	(0.035)	(0.032)	(0.030)	(0.037)
是否受到其他灾害	−0.010	0.011	0.015	−0.047	−0.012
	(0.018)	(0.033)	(0.030)	(0.029)	(0.036)
耕地面积	0.001	−0.000	0.001	−0.001	0.001
	(0.001)	(0.001)	(0.002)	(0.001)	(0.001)
常数项	2.178***	−1.315***	0.311*	0.092	−0.314
	(0.113)	(0.213)	(0.187)	(0.168)	(0.221)
户主特征变量	Y	Y	Y	Y	Y
区域效应	Y	Y	Y	Y	Y
年份效应	Y	Y	Y	Y	Y
样本观测值	3 829	3 248	3 524	3 725	2 812
组内 R^2	0.044 3	0.183 4	0.034 5	0.187 0	0.145 3

续表

被解释变量	水产品（6）	肉类（7）	蛋类（8）	奶制品（9）	油类（10）	调味品（11）	饮品（12）
是否外出务工	0.123**	0.120***	0.150***	0.213***	0.135***	0.161***	0.126**
	（0.059）	（0.028）	（0.033）	（0.078）	（0.024）	（0.026）	（0.052）
人均收入	0.187***	0.216***	0.142***	0.139***	0.137***	0.119***	0.224***
	（0.032）	（0.016）	（0.017）	（0.038）	（0.012）	（0.014）	（0.025）
（0，5］岁儿童占比	−0.449*	−0.764***	−1.026***	−0.932***	−0.645***	−0.834***	−0.957***
	（0.236）	（0.122）	（0.134）	（0.255）	（0.100）	（0.108）	（0.209）
（5，14］岁儿童占比	−0.500**	−0.600***	−0.464***	−0.080	−0.498***	−0.350***	−0.655***
	（0.224）	（0.125）	（0.129）	（0.428）	（0.103）	（0.103）	（0.225）
65岁以上老人占比	0.017	0.014	−0.167**	0.198	−0.000	−0.021	0.073
	（0.164）	（0.064）	（0.072）	（0.154）	（0.051）	（0.057）	（0.107）
家庭财富指数	−0.017	0.038***	0.013	0.007	0.008	0.025***	0.026
	（0.015）	（0.009）	（0.010）	（0.021）	（0.007）	（0.008）	（0.016）
家庭是否负债	−0.029	0.035	0.062**	0.057	0.011	0.008	0.073
	（0.054）	（0.027）	（0.030）	（0.071）	（0.023）	（0.023）	（0.051）
到最近市场的距离	−0.001	−0.000	−0.001	−0.005	−0.001	0.001	0.004
	（0.004）	（0.002）	（0.002）	（0.004）	（0.001）	（0.002）	（0.003）
是否经历了自然灾害	−0.016	−0.048	0.035	0.064	0.017	0.026	0.064
	（0.062）	（0.031）	（0.033）	（0.080）	（0.026）	（0.027）	（0.053）
是否受到其他灾害	−0.044	−0.045	−0.062*	−0.169**	−0.042*	−0.000	−0.104**
	（0.061）	（0.030）	（0.033）	（0.074）	（0.024）	（0.026）	（0.053）
耕地面积	−0.002	0.002**	0.001	−0.002	−0.002*	−0.001	−0.001
	（0.001）	（0.001）	（0.001）	（0.003）	（0.001）	（0.001）	（0.002）
常数项	−2.171***	−2.366***	−1.812***	−1.168***	−0.715***	−1.085***	−1.914***
	（0.432）	（0.188）	（0.202）	（0.433）	（0.141）	（0.158）	（0.336）
户主特征变量	Y	Y	Y	Y	Y	Y	Y
区域效应	Y	Y	Y	Y	Y	Y	Y
年份效应	Y	Y	Y	Y	Y	Y	Y

续表

被解释变量	水产品 （6）	肉类 （7）	蛋类 （8）	奶制品 （9）	油类 （10）	调味品 （11）	饮品 （12）
样本观测值	665	3 302	2 579	754	3 804	3 814	1 733
组内 R^2	0.076 1	0.123 2	0.080 9	0.041 9	0.061 0	0.066 7	0.089 0

（2）更换解释变量

进一步对外出务工进行分析，我们采用外出务工占家庭总人数的比重来替换外出务工虚拟变量。同时，我们也考虑到了外出务工人数占家庭总人数的比重对食物消费可能产生非线性的影响，引入外出务工占比的二次项后发现结果并不显著，故而这里只考虑外出务工占比的线性影响。

表 10-5 结果显示，从外出务工占比的角度来看，外出务工对食物消费各个品类均有显著的促进效果，且占比越高对于食物消费的影响越大。

表 10-5 外出务工占比对农村留守人员食物消费量的影响

被解释变量	谷物 （1）	豆类 （2）	薯类 （3）	蔬菜 （4）	水果 （5）
外出务工占比	0.413***	0.528***	0.561***	0.362***	0.463***
	（0.040）	（0.082）	（0.073）	（0.070）	（0.088）
人均收入	0.050***	0.174***	0.066***	0.160***	0.175***
	（0.010）	（0.020）	（0.017）	（0.015）	（0.020）
（0, 5] 岁儿童占比	-0.787***	-0.911***	-0.550***	-0.756***	-0.697***
	（0.076）	（0.167）	（0.128）	（0.127）	（0.155）
（5, 14] 岁儿童占比	-0.380***	-0.311**	-0.500***	-0.224*	-0.463***
	（0.076）	（0.158）	（0.134）	（0.126）	（0.154）
65 岁以上老人占比	-0.082**	0.050	-0.039	-0.024	0.001
	（0.036）	（0.074）	（0.066）	（0.064）	（0.080）
家庭财富指数	-0.031***	0.006	-0.051***	0.017*	0.069***
	（0.005）	（0.011）	（0.009）	（0.009）	（0.011）
家庭是否负债	0.004	0.043	-0.069**	0.026	0.007
	（0.017）	（0.033）	（0.029）	（0.029）	（0.035）

续表

被解释变量	谷物（1）	豆类（2）	薯类（3）	蔬菜（4）	水果（5）
到最近市场的距离	0.002*	-0.003	0.003	-0.003	-0.005*
	（0.001）	（0.003）	（0.002）	（0.003）	（0.003）
是否经历了自然灾害	0.023	0.014	-0.025	0.053	-0.097**
	（0.020）	（0.040）	（0.034）	（0.033）	（0.040）
是否受到其他灾害	0.006	0.002	0.009	0.002	0.012
	（0.018）	（0.037）	（0.031）	（0.031）	（0.038）
耕地面积	0.001	0.000	0.001	-0.001	0.001
	（0.001）	（0.001）	（0.002）	（0.001）	（0.001）
常数项	3.387***	0.055	0.704***	0.674***	0.685***
	（0.116）	（0.236）	（0.201）	（0.187）	（0.241）
户主特征变量	Y	Y	Y	Y	Y
区域效应	Y	Y	Y	Y	Y
年份效应	Y	Y	Y	Y	Y
样本观测值	3 829	3 248	3 524	3 725	2 812
组内 R^2	0.109 0	0.067 5	0.056 6	0.313 4	0.154 1

被解释变量	水产品（6）	肉类（7）	蛋类（8）	奶制品（9）	油类（10）	调味品（11）	饮品（12）
外出务工占比	0.646***	0.494***	0.709***	0.943***	0.485***	0.562***	0.358***
	（0.163）	（0.071）	（0.079）	（0.192）	（0.061）	（0.066）	（0.124）
人均收入	0.164***	0.222***	0.133***	0.027	0.137***	0.127***	0.234***
	（0.035）	（0.017）	（0.018）	（0.042）	（0.013）	（0.015）	（0.026）
（0，5］岁儿童占比	-0.217	-0.702***	-0.873***	1.413***	-0.624***	-0.617***	-1.152***
	（0.245）	（0.131）	（0.140）	（0.273）	（0.112）	（0.116）	（0.219）
（5，14］岁儿童占比	-0.635**	-0.514***	-0.394***	-0.267	-0.367***	-0.289**	-0.731***
	（0.279）	（0.134）	（0.140）	（0.387）	（0.111）	（0.116）	（0.229）
65 岁以上老人占比	-0.158	0.015	-0.119	-0.111	-0.006	0.051	0.050
	（0.176）	（0.065）	（0.075）	（0.148）	（0.054）	（0.063）	（0.117）

续表

被解释变量	水产品（6）	肉类（7）	蛋类（8）	奶制品（9）	油类（10）	调味品（11）	饮品（12）
家庭财富指数	-0.012	0.047***	0.029***	0.058**	0.001	0.034***	0.065***
	（0.016）	（0.009）	（0.010）	（0.025）	（0.008）	（0.008）	（0.016）
家庭是否负债	-0.018	0.037	0.049	0.018	0.014	-0.007	0.113**
	（0.061）	（0.030）	（0.032）	（0.077）	（0.025）	（0.026）	（0.050）
到最近市场的距离	0.000	0.001	0.001	-0.002	-0.004***	-0.000	0.003
	（0.004）	（0.002）	（0.002）	（0.004）	（0.001）	（0.002）	（0.003）
是否经历了自然灾害	-0.021	-0.072**	0.014	-0.032	0.037	0.045	0.027
	（0.069）	（0.034）	（0.035）	（0.088）	（0.029）	（0.029）	（0.057）
是否受到其他灾害	0.018	-0.044	-0.035	0.019	-0.054**	0.007	-0.036
	（0.066）	（0.032）	（0.036）	（0.085）	（0.026）	（0.029）	（0.053）
耕地面积	-0.001	0.002*	0.001	-0.002	-0.001	0.000	0.001
	（0.001）	（0.001）	（0.001）	（0.003）	（0.001）	（0.001）	（0.001）
常数项	0.582	0.660***	0.250	2.216***	1.575***	0.201	0.075
	（0.534）	（0.203）	（0.214）	（0.464）	（0.158）	（0.174）	（0.361）
户主特征变量	Y	Y	Y	Y	Y	Y	Y
区域效应	Y	Y	Y	Y	Y	Y	Y
年份效应	Y	Y	Y	Y	Y	Y	Y
样本观测值	665	3 302	2 579	754	3 804	3 814	2 194
组内 R^2	0.004 0	0.117 1	0.095 1	0.081 9	0.075 1	0.057 8	0.081 1

（3）倾向得分匹配法

本节采用倾向得分匹配法降低外出务工的内生性，较好地控制“选择偏差”问题。具体原理如下：

根据是否有外出务工可以将农村家庭分成两组，分别设为处理组（有外出务工的家庭）和对照组（无外出务工的家庭），为了减少两组除了外出务工之外的误差，需要借助选取的可观测特征变量的趋势评分对其进行相似匹配，趋势评分计算公式为：

$$p_i(X)=Pr(D_i=1|X_i)=F(h(X_i))$$

式中，D_i 代表的是处理组哑变量 $mig=1$ 和对照组哑变量 $mig=0$，$F(\cdot)$ 为 logit 分布函数，$h(\cdot)$ 为第 i 个农户特征变量 X_i 的线性函数。倾向评分匹配法可以将多维指标降为一维，且取值范围在[0,1]，可以很好地解决由于高维度空间造成的数据稀疏问题。匹配的准则是趋势评分必须满足平衡性，即根据可观测特征变量匹配后的处理组都是随机选择的，处理组与对照组之间并不存在系统性差距。

倾向得分的平均处理效应（average treatment effect on the treated，ATT）即为匹配后的两组对于食物消费（Y_{iT}）的差值，表达式为：

$$ATT=E(Y_{iT}|(D_i=1)-E(Y_{iT}|(D_i=0)$$

本节的匹配变量选择和前文控制变量一致，同时加入时间虚拟变量。由于无外出务工的家庭数是有务工的 2 倍，故而采用 1 对 2 近邻匹配方式，匹配前后的偏差绝对值和共同支撑区域如图 10-3 所示。从图 10-3 可以明显看出协变量经过标准化后，偏差明显缩小，符合 Rosenbaum et al.（1985）提出的匹配后标准化偏差应小于 20% 的建议。同时图 10-3 结果显示，绝大部分的样本观测值均在共同取值区间里（on support），故在进行倾向得分匹配时只损失少量样本。

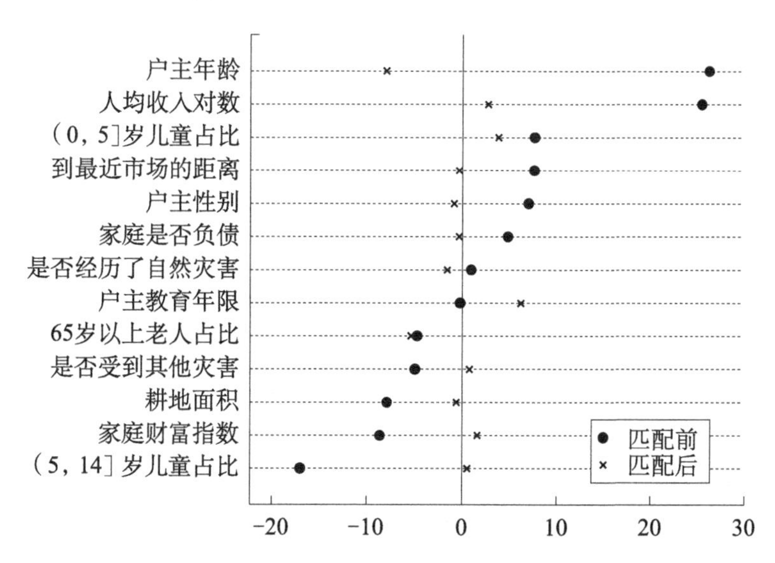

图10-3　倾向得分匹配（1对2近邻匹配）的标准化偏差和共同支撑区域

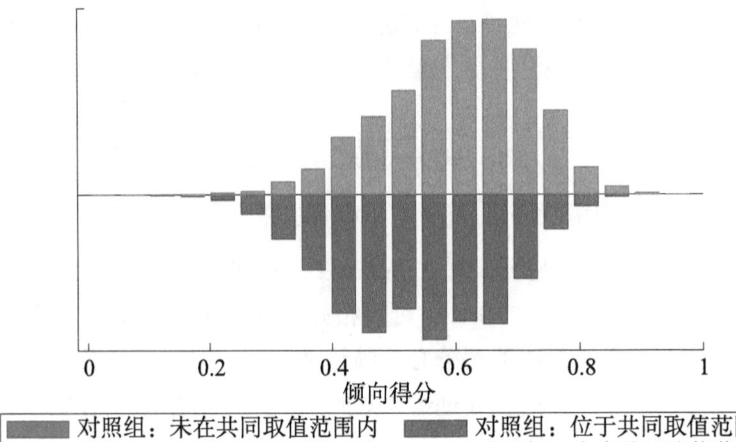

图10-3 倾向得分匹配（1对2近邻匹配）的标准化偏差和共同支撑区域（续）

由表 10-6 可知，经过倾向分值匹配后的有外出务工人员农村家庭除了在肉类上并不显著，其余品类的显著性均与基准回归类似。故而倾向得分匹配的结果表明，外出务工显著促进农村留守人员的食物消费水平，研究结论依旧具有稳定性。

表 10-6 倾向得分匹配（PSM）的处理效应

被解释变量	谷物	豆类	薯类	蔬菜	水果
ATT	0.115 7***	0.168 2***	0.186 3***	0.106 2***	0.070 5
标准误	0.022 5	0.045 6	0.041 1	0.040 7	0.047 3
T 值	5.13	3.69	4.54	2.61	1.49
被解释变量	水产品	肉类	蛋类	奶制品	油类
ATT	0.185 4**	0.001 6	0.186 4***	0.203 2*	0.079 4**
标准误	0.085 4	0.043 3	0.043 9	0.105 7	0.033 1
T 值	2.17	0.04	4.24	1.92	2.40
被解释变量	调味品	饮品	其他		
ATT	0.179 7***	0.040 3	−0.045 2		
标准误	0.033 9	0.066 1	0.076 7		
T 值	5.30	0.61	−0.59		

10.3.3　不同财富水平下外出务工对食物消费的影响

根据前文分析，财富也会影响食物消费。在扶贫发展越发迅速的当下，贫困县中贫困家庭的生计和财富状况有所改善，对于不同财富层级的家庭，外出务工对其产生的影响是否不同也具有探究意义。本节对每户家庭的财富指数按由低到高的顺序进行五等分，分别为低收入组（分类为“1”）、中低收入组（分类为“2”）、中等收入组（分类为“3”）、中高收入组（分类为“4”），以及高收入组（分类为“5”）。

表 10-7 是财富分类为“1”和“2”时外出务工对消费支出的影响。当家庭为低收入的时候（财富分类 =1），外出务工仅会增加家庭薯类的消费，控制变量中较为有趣的是耕地面积，耕地面积的提高会降低贫困家庭对于薯类的消费。当家庭收入中低等级时（财富分类 =2），外出务工不仅提升家庭薯类的消费，对于蛋类、油类和调味品的消费也有显著的提升作用，且薯类和蛋类的提高效果最为明显，即特困农户改善生计后，外出务工带来的收入提升首先让家庭解决“温饱”（薯类提升最大），然后才是营养问题（蛋类的提升）。

表 10-7　财富分类为 1 和 2 的消费支出

项目	财富分类 =1	财富分类 =2			
	薯类	薯类	蛋类	油类	调味品
是否外出务工	0.175**	0.247***	0.220**	0.135**	0.184**
	（0.081）	（0.075）	（0.094）	（0.060）	（0.072）
人均收入	0.082*	0.077*	0.161***	0.164***	0.204***
	（0.042）	（0.041）	（0.045）	（0.032）	（0.037）
（0, 5］岁儿童占比	-0.927***	-0.581**	-1.036***	-0.811***	-0.796***
	（0.297）	（0.295）	（0.321）	（0.229）	（0.278）
（5, 14］岁儿童占比	-0.240	-0.473**	-0.931***	-0.459**	-0.451**
	（0.231）	（0.223）	（0.280）	（0.182）	（0.228）
65 岁以上老人占比	0.100	0.210	-0.068	-0.130	0.043
	（0.132）	（0.142）	（0.163）	（0.121）	（0.154）
家庭财富指数	-0.123*	-0.079	0.205	-0.138	-0.151
	（0.072）	（0.119）	（0.151）	（0.108）	（0.131）

续表

项目	财富分类 =1	财富分类 =2			
	薯类	薯类	蛋类	油类	调味品
家庭是否负债	-0.059	-0.002	0.034	-0.020	0.037
	(0.076)	(0.067)	(0.084)	(0.059)	(0.067)
到最近市场的距离	0.008	-0.001	-0.001	-0.007*	-0.000
	(0.005)	(0.005)	(0.004)	(0.004)	(0.004)
是否经历了自然灾害	0.057	0.014	-0.163*	-0.052	0.104
	(0.088)	(0.079)	(0.085)	(0.066)	(0.076)
是否受到其他灾害	-0.001	0.045	-0.124	-0.035	0.078
	(0.075)	(0.072)	(0.091)	(0.060)	(0.073)
耕地面积	-0.024**	0.014*	-0.005	-0.010*	0.002
	(0.010)	(0.008)	(0.008)	(0.005)	(0.006)
常数项	0.517	0.481	0.808	1.024**	-0.634
	(0.520)	(0.513)	(0.601)	(0.406)	(0.491)
户主特征变量	Y	Y	Y	Y	Y
区域效应	Y	Y	Y	Y	Y
年份效应	Y	Y	Y	Y	Y
样本观测值	599	659	465	715	716
组内 R^2	0.056 2	0.039 9	0.118 9	0.086 2	0.119 8

当家庭财富属于中等水平和中高水平的情况下，表 10-8 显示，外出务工主要是促进留守家庭人员的主食消费，相比于低收入和中低收入对于薯类的增加，这可能是提升了家庭对于精米白面等细粮的消费，以及更多地从豆类中获取植物蛋白。且随着财富的增加，外出务工对于三类主食消费支出的作用效果增加，其中豆类提升效果最为明显。

表 10-8 财富分类为 3 和 4 的消费支出

项目	财富分类 =3			财富分类 =4		
	谷物	豆类	薯类	谷物	豆类	薯类
是否外出务工	0.153***	0.179**	0.156**	0.179***	0.218***	0.162**
	(0.041)	(0.082)	(0.070)	(0.038)	(0.078)	(0.072)

续表

项目	财富分类 =3			财富分类 =4		
	谷物	豆类	薯类	谷物	豆类	薯类
人均收入	0.043**	0.182***	0.082**	0.072***	0.127***	0.126***
	(0.022)	(0.043)	(0.035)	(0.020)	(0.044)	(0.040)
(0, 5] 岁儿童占比	-0.942***	-1.344***	-0.759***	-0.611***	-0.755**	-0.621**
	(0.155)	(0.338)	(0.293)	(0.166)	(0.357)	(0.273)
(5, 14] 岁儿童占比	-0.600***	-0.667***	-0.559***	-0.395***	-0.835***	-0.490*
	(0.126)	(0.259)	(0.213)	(0.121)	(0.248)	(0.262)
65 岁以上老人占比	-0.097	0.124	-0.175	-0.064	-0.160	-0.381***
	(0.075)	(0.156)	(0.144)	(0.086)	(0.178)	(0.147)
家庭财富指数	-0.113*	0.006	-0.102	0.011	0.113	-0.209**
	(0.063)	(0.121)	(0.107)	(0.042)	(0.093)	(0.083)
家庭是否负债	0.033	0.009	-0.167***	0.012	0.107	0.012
	(0.037)	(0.075)	(0.063)	(0.034)	(0.074)	(0.069)
到最近市场的距离	0.004**	0.002	0.004	0.004	0.000	0.006
	(0.002)	(0.005)	(0.004)	(0.002)	(0.004)	(0.005)
是否经历了自然灾害	0.080*	0.050	-0.077	-0.026	0.144*	0.015
	(0.043)	(0.088)	(0.073)	(0.041)	(0.081)	(0.080)
是否受到其他灾害	-0.053	-0.027	-0.042	0.030	0.012	0.072
	(0.040)	(0.081)	(0.072)	(0.039)	(0.080)	(0.073)
耕地面积	0.001	0.003	0.007*	0.002	0.001	-0.001
	(0.003)	(0.006)	(0.003)	(0.002)	(0.002)	(0.003)
常数项	3.221***	0.267	0.427	3.473***	0.514	0.000
	(0.247)	(0.521)	(0.415)	(0.245)	(0.498)	(0.461)
户主特征变量	Y	Y	Y	Y	Y	Y
区域效应	Y	Y	Y	Y	Y	Y
年份效应	Y	Y	Y	Y	Y	Y
样本观测值	780	670	725	836	748	774
组内 R^2	0.071 0	0.131 2	0.087 7	0.236 7	0.073 8	0.048 5

表 10-9 是当家庭为富裕时，外出务工对于食物消费支出的提升是较为全方面的，主粮、水果、水产、肉类、蛋类、油类和调味品均有显著提升。

表 10-9　财富分类为 5 的消费支出

项目	谷物	豆类	薯类	水果	水产品	肉类	蛋类	油类	调味品
是否外出务工	0.138***	0.248***	0.168***	0.161**	0.294***	0.111*	0.231***	0.216***	0.217***
	(0.036)	(0.075)	(0.063)	(0.073)	(0.098)	(0.059)	(0.068)	(0.055)	(0.054)
人均收入	0.036**	0.163***	0.035	0.153***	0.205***	0.185***	0.146***	0.127***	0.125***
	(0.018)	(0.038)	(0.034)	(0.038)	(0.053)	(0.031)	(0.033)	(0.027)	(0.026)
(0, 5] 岁儿童占比	-0.643***	-0.915***	-0.498*	-0.873***	-0.507	-0.642***	-0.845***	-0.523**	-0.664***
	(0.155)	(0.342)	(0.264)	(0.310)	(0.373)	(0.236)	(0.270)	(0.231)	(0.236)
(5, 14] 岁儿童占比	-0.408***	-0.632***	-0.381*	-0.018	-0.554*	-0.538***	-0.544**	-0.615***	-0.206
	(0.115)	(0.242)	(0.219)	(0.238)	(0.303)	(0.202)	(0.226)	(0.170)	(0.176)
65 岁以上老人占比	-0.213**	-0.202	-0.240	-0.068	-0.632**	-0.318	-0.183	-0.130	-0.031
	(0.105)	(0.199)	(0.176)	(0.237)	(0.274)	(0.229)	(0.251)	(0.170)	(0.157)
家庭财富指数	-0.021	0.088**	-0.004	0.122***	-0.018	0.091***	-0.082**	0.026	0.041
	(0.019)	(0.042)	(0.037)	(0.042)	(0.042)	(0.031)	(0.039)	(0.030)	(0.030)
家庭是否负债	-0.060*	0.014	-0.103	0.027	-0.153*	0.085	0.017	0.051	0.033
	(0.035)	(0.069)	(0.064)	(0.069)	(0.089)	(0.058)	(0.065)	(0.053)	(0.051)

续表

项目	谷物	豆类	薯类	水果	水产品	肉类	蛋类	油类	调味品
到最近市场的距离	0.004	−0.001	0.003	0.001	0.012*	0.009*	−0.004	−0.003	−0.002
	(0.004)	(0.007)	(0.005)	(0.008)	(0.006)	(0.005)	(0.008)	(0.005)	(0.004)
是否经历了自然灾害	0.062	−0.048	−0.056	−0.063	0.003	−0.034	0.131*	0.019	0.008
	(0.041)	(0.085)	(0.074)	(0.083)	(0.093)	(0.066)	(0.079)	(0.063)	(0.061)
是否受到其他灾害	−0.019	0.037	−0.008	−0.006	0.061	−0.068	−0.202***	−0.011	0.073
	(0.038)	(0.083)	(0.074)	(0.077)	(0.105)	(0.063)	(0.067)	(0.058)	(0.062)
耕地面积	0.000	−0.000	0.000	−0.000	−0.005**	0.000	0.002**	−0.002	−0.001
	(0.001)	(0.001)	(0.001)	(0.001)	(0.002)	(0.002)	(0.001)	(0.001)	(0.001)
常数项	3.709***	−0.075	1.320***	1.213**	0.737	0.621	0.798*	1.966***	0.244
	(0.250)	(0.512)	(0.442)	(0.494)	(0.802)	(0.411)	(0.438)	(0.356)	(0.365)
户主特征变量	Y	Y	Y	Y	Y	Y	Y	Y	Y
区域效应	Y	Y	Y	Y	Y	Y	Y	Y	Y
年份效应	Y	Y	Y	Y	Y	Y	Y	Y	Y
样本观测值	835	749	767	732	280	816	605	833	833
组内 R^2	0.058 7	0.127 2	0.081 0	0.227 2	0.043 4	0.143 2	0.146 5	0.082 0	0.068 9

综合来看，外出务工对留守家庭人员食物消费的提升作用建立在家庭财富的基础上，在贫困县中，拥有较高财富值的家庭也会更多地接收外出务工带来的收入效应、新型营养观念等。

10.4 结论及建议

本章运用双向固定回归模型，基于中国农业科学院农业信息研究所建立的“中国贫困县农户贫困与食物安全跟踪调查”面板数据库，采用2012年、2015年和2018年陕西省镇安县和洛南县、云南省武定县和会泽县、贵州省正安县和盘州的农户调查数据，分析了外出务工对于农村家庭留守人员的食物消费影响，从营养安全和扶贫开发的视角为外出务工和食物消费提供新的解释。本章主要结论如下：第一，外出务工对于农村留守家庭的食物消费具有显著的提升作用，一定程度上增加了食物消费支出，同时降低了贫困地区家庭的恩格尔系数，提高了当地居民的食物消费水平。居民人均收入的提升对于食物消费的影响显著，家庭人口结构中老人儿童对于食物消费为负向影响，户主性别的影响并不显著，这一定程度上说明了外出务工主要是通过收入的增加来提升留守家庭成员的食物消费。第二，外出务工对留守家庭食物消费的影响具有异质性，且主要体现在对不同财富水平的家庭影响程度具有差异。低财富家庭和中低财富家庭更多地提升薯类消费；中等财富家庭和中高财富家庭更多消费豆类，谷类和薯类消费也有显著提高；高财富家庭消费的提升比较全面，水产、蛋类、豆类等蛋白质来源的消费提升较为明显。第三，贫困地区外出务工占比对于各类食物消费均有较高提升，家庭中更多的外出务工人员数会对留守家庭成员的奶类、蛋类、肉类和水产有明显的促进效果。同时，外出务工占比且尚未出现具有拐点现象（二次项并不显著），即贫困地区的家庭外出务工人员数量可以继续提高。

基于上述分析和结论提出以下政策建议：对于贫困地区的农村居民来说，外出务工增加的家庭收入对于提升营养健康和生活品质具有重要保障。当前，在政府精准扶贫改善农村居民生产生活的同时，对于已经发展较好的家庭可以促进其闲置劳动力外出务工，助力农村居民食物消费的稳步增长，改善农村居民的饮食结构和营养摄入。在2020年全面脱贫的同时，引导农村居民走向“质量”并举、营养健康的食物消费模式。

参考文献

陈宏伟，穆月英，2020. 劳动力转移、技术选择与农户收入不平等［J］. 财经科学（8）：106-117.

陈会广，张耀宇，2014. 农村妇女职业分化对家庭土地流转意愿的影响研究：基于妇女留守务农与外出务工的比较［J］. 南京农业大学学报（社会科学版）（4）：57-65.

盖庆恩，朱喜，史清华，2014. 劳动力转移对中国农业生产的影响［J］. 经济学（季刊），13（3）：1147-1170.

韩佳丽，2019. 贫困地区农村劳动力流动减贫的路径比较研究［J］. 中国软科学（12）：43-52.

侯木缘，刘灵芝，2018. 农村人口结构空心化对农村居民消费的影响：基于湖北省647 份调查问卷［J］. 上海农业学报（6）：100-106.

李傲，杨志勇，赵元凤，2020. 精准扶贫视角下医疗保险对农牧户家庭消费的影响研究：基于内蒙古自治区 730 份农牧户的问卷调查数据［J］. 中国农村经济（2）：118-133.

李聪，李树茁，梁义成，等，2010. 外出务工对流出地家庭生计策略的影响：来自西部山区的证据［J］. 当代经济科学（3）：77-85.

李雷，白军飞，张彩萍，2019 . 外出务工促进农村留守人员肉类消费了吗：基于河南、四川、安徽和江西四省的实证分析［J］. 农业技术经济（9）：27-37.

李隆玲，田甜，武拉平，2016. 城镇化进程中农民工收入分布变化对其食物消费的影响［J］. 农业现代化研究（1）：57-63.

李琴，宋月萍，2009. 劳动力流动对农村老年人农业劳动时间的影响以及地区差异［J］. 中国农村经济（5）：52-60.

李树茁，李聪，梁义成，2011. 外出务工汇款对西部贫困山区农户家庭支出的影响［J］. 西安交通大学学报（社会科学版）（1）：33-39.

李小云，2006. “守土与离乡”中的性别失衡［J］. 中南民族大学学报（人文社会科学版）（1）：17-19.

刘一伟，2018. 劳动力流动、收入差距与农村居民贫困［J］. 财贸研究（5）：54-63.

娄峰，张涛，2012. 中国粮食价格变动的传导机制研究：基于动态随机一般均衡（DSGE）模型的实证分析［J］. 数量经济技术经济研究（7）：92-103.

卢海阳，钱文荣，2013. 子女外出务工对农村留守老人生活的影响研究［J］. 农业经济问题（6）：24-32.

明辉，漆雁斌，2016. 外出务工对农户家庭种植业生产的作用研究：基于 2101 个农户的实证分析［J］. 统计与信息论坛（7）：99-106.

聂凤英，Amir Wadhwa, 王蔚菁，2011. 中国贫困县食物安全与脆弱性分析：基于西部六县的调查［M］. 北京：中国农业科学技术出版社.

彭小辉，史清华，朱喜，2013. 不同收入的消费倾向一致吗？：基于全国农村固定观察点调查数据的分析[J]. 中国农村经济(1)：46-54.
钱文荣，郑黎义，2011. 劳动力外出务工对农户家庭经营收入的影响：基于江西省4个县农户调研的实证分析[J]. 农业技术经济，(1)：48-56.
钱文荣，郑黎义，2011. 劳动力外出务工对农户农业生产的影响：研究现状与展望[J]. 中国农村观察(1)：31-38.
孙华，陈力勇，2014. 流入城镇农村人口消费行为分析：基于西安市的调查[J]. 人口研究(2)：92-101.
谭涛，张燕媛，唐若迪，等，2014. 中国农村居民家庭消费结构分析：基于QUAIDS模型的两阶段一致估计[J]. 中国农村经济(9)：17-31.
王芳，2020. 城市外来务工住户的收入结构、相对收入与消费[J]. 经济研究参考(7)：48-62.
王美艳，2012. 农民工汇款如何影响农户的生活消费支出：来自江苏和安徽农户调查数据的分析[J]. 贵州财经学院学报(1)：93-101.
王翌秋，陈玉珠，2016. 劳动力外出务工对农户种植结构的影响研究：基于江苏和河南的调查数据[J]. 农业经济问题(2)：41-48.
王子成，2012. 外出务工、汇款对农户家庭收入的影响：来自中国综合社会调查的证据[J]. 中国农村经济(4)：4-14.
王子成，2015. 劳动力外出对农户生产经营活动的影响效应研究：迁移异质性视角[J]. 世界经济文汇(2)：74-90.
王子成，郭沐蓉，2016. 劳动力外出模式对农户支出结构的影响[J]. 中南财经政法大学学报(1)：148-155.
吴惠芳，2011. 留守妇女现象与农村社会性别关系的变迁[J]. 中国农业大学学报（社会科学版）(3)：104-11.
袁国方，郃秀军，仪明金，2014. 外出务工对欠发达地区农民消费倾向的影响[J]. 大连理工大学学报（社会科学版）(1)：69-74.
张车伟，蔡昉，2002. 中国贫困农村的食物需求与营养弹性[J]. 经济学（季刊）(4)：199-216.
钟甫宁，陆五一，徐志刚，2016. 农村劳动力外出务工不利于粮食生产吗？：对农户要素替代与种植结构调整行为及约束条件的解析[J]. 中国农村经济（7）：36-47.
周建，艾春荣，王丹枫，等，2013. 中国农村消费与收入的结构效应[J]. 经济研究(2)：122-133.
朱农，2004. 离土还是离乡？：中国农村劳动力地域流动和职业流动的关系分析[J]. 世界经济文汇（1）：53-63.
邹湘江，吴丹，2013. 人口流动对农村人口老龄化的影响研究：基于“五普”和“六普”数据分析[J]. 人口学刊，35（4）：70-79.

ADAMS R H J, 1998. Remittances, Investment and Rural Asset Accumulation in Pakistan [J]. Economic Development and Cultural Change, 47（1）: 155-173.

BOUIYOUR J, MIFTAH A MOUHOUD E, 2016.Education, Male Gender Preference and Migrants'Remittances: Interactions in Rural Morocco [J]. Economic Modelling (57): 324-331.

HAN X, CHEN Y, 2016. Food consumption of outgoing rural migrant workers in urban area of China A QUAIDS approach [J]. China Agricultural Economic Review (2): 230-249.

NGUYEN D L, GROTE U, NGUYEN T, 2017. Migration and rural household expenditures: A case study from Vietnam [J]. Economic Analysis and Policy (56): 163-175.

ROSENBAUM P R, RUBIN D B, 1985.Constructing a control group using multivariate matched sampling methods that incorporate the propensity score [J]. The American Statistician (1): 33-38.

ROZELLE S, TAYLOR J E, BRAUW A, 1999. Migration, Remittances and Agricultural Productivity in China [J]. The American Economic Review 89（2）: 287-291.

TAYLOR J E, ROZELLE S, DE BRAUW A, 2003. Migration and Incomes in Source Communities: A New Economics of Migration Perspective from China [J]. Economic Development and Cultural Change 52（1）: 75-101.

11 男性外出务工背景下的女性赋权与家庭成员蛋白质摄入①

上一章聚焦我国农村人口大量外出务工这一趋势性变动对留守人口食物消费的影响。然而，在我国，外出务工人口存在着性别差异，多数家庭选择让男性外出务工，女性留守照顾老人和孩子。本章着眼于外出务工的性别差异，关注男性外出务工对家庭权力的性别格局的影响，探讨男性外出务工是否赋予女性"缺席性领导权"，使得女性赋权增加。

由于女性相较于男性更倾向于、也更注重营养健康领域的支出，本章进一步验证女性如果被赋予更多的家庭决策权（即女性赋权），掌握更多的家庭资源配置权，是否会促使其家庭成员食物营养的改善。

本章运用 2015 年和 2018 年贵州、云南、陕西、甘肃四省欠发达地区农村 2 089 份农户追踪调查数据，分析男性外出务工、女性赋权对家庭成员蛋白质摄入的影响及其机制。相较于以往的研究，本章可能的贡献在于：一是将男性外出务工、女性赋权与家庭成员蛋白质摄入纳入同一研究框架中，在分析男性外出务工影响家庭成员蛋白质摄入的基础上，进一步探讨女性赋权在男性外出务工对家庭成员蛋白质摄入的影响中的作用机制；二是构建女性赋权综合指标对女性赋权进行测度，涵盖农业生产决策、生产性资产、财务支配、人际交往以及日常消费五个方面。本章内容安排如下：第一部分梳理总结相关文献、提出研究假说；第二部分是数据来源、模型设定及变量说明；第三部分进行实证分析和稳健性检验；最后是结论及建议。

① 本章研究内容已发表于同行评议学术期刊《中国农村经济》2021 年第 8 期。郝晶辉，王菲，黄佳琦. 男性外出务工、女性赋权与家庭成员蛋质摄入——来自欠发达地区农村的证据［J］. 中国农村经济，2021（8）：125-144.

11.1 文献回顾与研究假说

营养和健康是人力资本的重要构成部分。保障农村居民的营养摄入，提高其健康水平，有助于提升农户的劳动生产率，促进农户收入水平的提高。男性外出务工可改变农户家庭收入、消费观念与农业生产结构，从而对家庭成员的营养摄入产生影响。此外，男性外出务工为家庭权力在性别格局上的重构提供了机会，对女性赋权具有促进作用。由于女性往往更注重营养健康领域的支出，女性赋权的增加有助于提高家庭成员的营养摄入。

11.1.1 男性外出务工对家庭食物营养消费的影响

外出务工是农户通过重新配置家庭劳动力要素以获得更高收入的重要途径。外出务工可通过增收效应、消费示范效应以及对农业生产的挤出效应影响家庭成员的食物营养消费，具体影响路径可以归纳为以下三点。

第一，男性外出务工可促进农户增收。从收入构成视角看，外出务工不仅直接增加了农户的工资性收入，还可能促使农户对家庭拥有的土地进行流转，实现土地资源的重新配置，间接增加其财产性收入（文洪星 等，2018）。外出务工促进了农户增收，进而放宽了家庭的预算约束和流动性约束。家庭潜在食物消费的数量与种类更加丰富，从而改善家庭食物消费和营养摄入（李雷 等，2019）。

第二，男性外出务工可促使农户家庭消费观念的改变。根据消费示范效应，置身于比自身日常消费水平较高的环境中将会刺激该消费者增加消费支出。因此，农村劳动力进入食物营养消费水平较高的城镇后，也会不自觉地模仿城镇居民的消费方式与消费习惯（文洪星 等，2018），从而提高自身的食物营养消费。此外，农村劳动力向城市流动也可使他们将营养健康知识和信息传递给留守的家庭成员，进而影响农户家庭的食物消费结构，增加其蛋白质等营养物质的摄入水平（李雷 等，2019）。

第三，男性外出务工可对农户原本自给自足的农业生产产生“挤出效应”，从而影响农户的食物多样性。从农业生产要素配置的视角来看，外出务工减少了农户在农业生产上的劳动力配置（秦立建 等，2011），进而可能引发土地资源的再配置。农户原来自给自足的农业生产因土地转出而难以维系（孙新华，2013）。在欠发达地区，由于地形限制和交通阻碍，农户居住较为分散且附近较少有菜市场或定期集市等，因而农户的日常食物需求难以满足。自给自足的多样化农业生产是增加农户的食物可获得性、改善膳食结构和增加营养素摄入量的重要途径（李晓云 等，2020）。外出务工对农户原来的自给自足的多样化农业生产构成冲击，原有的家庭食物消费结构和营养摄入可能也随之发生变化。

也有学者指出，不同性别的劳动力外出务工对家庭成员营养健康状况的影响也不同（刘晓昀，2010）。女性外出务工导致其家庭照料时间减少，对家庭成员的健康产生不利影响（孙文凯 等，2016）。而男性通常较少从事家庭照料活动，男性外出务工对家庭成员营养健康状况的影响主要通过收入效应实现。基于以上分析，提出假说 1。

假说 1：男性外出务工可以增加家庭成员蛋白质摄入。

11.1.2 男性外出务工、女性赋权与家庭成员蛋白质摄入

男性外出务工也对家庭权力的性别格局构成了冲击。一方面，男性外出务工使女性更多地参与农业生产决策和农业生产活动，赋予女性“缺席性领导权”；同时，女性通过递补性地承担农业劳动，增强其经济及决策独立性，使其对家庭的贡献更加显性化，因而可能会获得更多的家庭决策权力（孟宪范，1995）。另一方面，留守女性的农业生产经营收入通常远低于其配偶的非农务工收入，导致女性在家庭中的经济资源处于劣势，因而农业女性化不利于女性赋权以及女性家庭地位的提升（高小贤，1994）。然而，经济资源对家庭权力的影响受制于时间和空间，即外出务工的男性所拥有的经济资源在家庭权力的性别格局中所能发挥的作用，会随着其与家庭的物理距离的增加而减弱（陈志光 等，2012），家庭中的女性成员因而能获得更多的家庭权力。由此，提出假说 2。

假说 2：男性外出务工可以促进女性赋权。

在中国农村，女性往往是家庭照料和家务劳动的主要承担者（范红丽 等，2019）。女性通过家庭日常食物消费决策影响家庭成员的食物消费和营养摄入。首先，相较于男性，女性更具有利他性，她们更多地将自己视为家庭中的一员而不是独立的个体（Kabeer，1999）。其次，由于家庭成员的偏好差异，在家庭联合决策模型（collective model）中，家庭成员通常需要通过博弈和协商决定家庭内部资源的配置（Hoddinott et al.，1995）。家庭食物消费决策是家庭决策的重要组成部分，受家庭内部权力结构影响（殷浩栋 等，2018）。相关研究发现，在有限的家庭预算内，女性相较于男性更倾向于、也更注重营养健康领域的支出（Quisumbing et al.，2003；吴晓瑜 等，2011）。女性如果被赋予更多的家庭决策权（即女性赋权），

掌握更多的家庭资源配置权，可能会促使其家庭食物营养消费支出提高。因此，增加女性赋权可促进家庭成员的饮食多样性和蛋白质摄入（Kassie et al.，2020），从而改善家庭成员的营养健康状况。因而提出假说 3。

假说 3：女性赋权可以增加家庭成员蛋白质摄入。

若上述假说都成立，即男性外出务工和女性赋权均能增加家庭成员蛋白质摄入，且男性外出务工可以促进女性赋权，那么可以推断女性赋权在男性外出务工对家庭成员蛋白质摄入的影响中发挥中介效应。因此，提出假说 4。

假说 4：女性赋权在男性外出务工对家庭成员蛋白质摄入的影响中发挥中介效应。

假说 1～4 阐释了男性外出务工、女性赋权对家庭成员蛋白质摄入的影响及其影响机制，如图 11-1 所示。

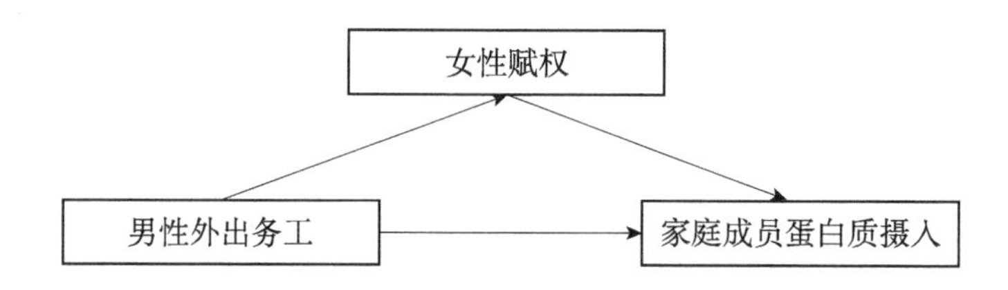

图11-1　男性外出务工、女性赋权与家庭成员蛋白质摄入的关系

11.2　数据来源、模型设定及变量说明

11.2.1　数据来源

数据来源于中国农业科学院农业信息研究所建立的“中国贫困县农户贫困与食物安全跟踪调查”面板数据库。迄今为止该数据库涵盖了 2010 年、2012 年、2015 年、2018 年陕西、云南、贵州以及甘肃 4 省 7 个贫困县的农户调查数据。由于本研究问卷所涉及的问题始于 2015 年，所以本章使用的数据仅涵盖 2015 年和 2018 年 4 省 7 县 2 089 户农户的追踪调查数据。7 县为陕西省的镇安县和洛南县，云南省的武定县和会泽县，贵州省的盘州市和正安县，以及甘肃省的清水县，均位于中国西部山区，自然灾害较为频发，市场发育程度较低，基础设施建设较薄弱。

该调查采取典型调查、概率比例规模抽样与随机抽样相结合的方式进行抽样。首先，依据本项目的前期相关研究结论，肖运来等（2010）从食物供给能力、可获得性、利用条件、消费和营养以及供给的脆弱性等方面分析了 592 个贫困县的食物安全状况，并用聚类分析法将这些贫困县划分为三类，即食物相对安全县、食物安全潜力县和食物不安全县。本研究所关注的 7 个县来自于其中的 271 个食物不安全贫困县。采用概率比例规模抽样与随机抽样的方法抽取样本。第一阶段，除甘肃清水县抽取 16 个样本村以外，每个县按照各村人口数排序抽取各县人口数排名靠前的 19 个村。清水县并非项目基线抽取的样本县，而是团队根据研究需要在 2012 年扩充的样本县。虽然在清水县抽取样本村的依据和其他样本县一致，但在综合合作意愿、合作基础以及数据的可获取性等因素后，项目组最终在清水县只抽取了 16 个样本村。第二阶段，采取等距随机抽样的方法，每个样本村随机抽取 12 户样本农户，共计 1 560 户样本农户。需要特别说明的是，在 2018 年的重访中，调查人员在入户调查时如果遇到被重访农户不在家的情况，会用同村其他农户替换该被重访农户，但有个别情况，原农户又突然返家能够接受访问，因此，2018 年的样本农户共计 1 563 户。其中，2015 年和 2018 年两轮都被访问的农户共计 1 034 户。

问卷内容涉及农户户主及其他家庭成员的基本情况、家庭住房和生活条件、农业生产投入产出情况、家庭在过去一个月中的各项食物消费量及支出、女性赋权情况等。经整理，去除 1 034 份女性赋权情况的个别选项存在缺失值的问卷，最终获得 2 089 份有效问卷。其中，2015 年有 1 262 份，2018 年有 827 份。因此，本研究使用的数据为非平衡面板数据。如表 11-1 所示，由样本农户家庭人口的年龄构成情况可知，样本农户的家庭人口年龄处于 18～65 岁的占到 62.25%，0～18 岁的占到 25.25%，65 岁及以上的占到 12.50%。家庭人均年收入为 16 033.41 元，其中，2018 年比 2015 年提高了约 6 600 元。建档立卡户共 778 户，其中，2015 年为 510 户，2018 年下降到 268 户。2015 年、2018 年两期数据外出务工总人次为 2 502，且以男性外出务工为主。其中，男性外出务工人次占外出务工总人次的 62%，女性外出务工人次则占 38%。

表 11–1　样本农户的家庭人口年龄构成、家庭收入、建档立卡贫困户以及外出务工整体情况

类别	项目	全样本		2015 年		2018 年	
		频数	比例（%）	频数	比例（%）	频数	比例（%）
年龄构成	0～18 岁	1 976	25.25	1 149	24.52	827	26.35
	18～65 岁	4 872	62.25	3 003	64.07	1 869	59.54
	65 岁及以上	978	12.50	535	11.41	443	14.11

续表

类别	项目	全样本		2015 年		2018 年	
		频数	比例（%）	频数	比例（%）	频数	比例（%）
建档立卡贫困户	建档立卡户	778	37.24	510	40.41	268	32.41
	非建档立卡户	1 311	62.76	752	59.59	559	67.59
外出务工性别	男性	1 547	61.83	895	61.60	652	62.15
	女性	955	38.17	558	38.40	397	37.85

家庭收入	全样本		2 015 年		2 018 年	
	均值	标准差	均值	标准差	均值	标准差
家庭人均年收入（元）	16 033.41	42 270.40	13 415.25	23 578.25	20 028.71	60 345.32

11.2.2 模型设定

为了分析男性外出务工、女性赋权对家庭成员蛋白质摄入的影响及其机制，构建如下面板数据模型：

$$PI_{i,t} = a_0 + a_1 MMig_{i,t} + a_2 control_1 + \varepsilon_{i,t} \tag{1}$$

$$WEScore_{i,t} = b_0 + b_1 MMig_{i,t} + b_2 control_2 + u_{i,t} \tag{2}$$

$$PI_{i,t} = c_0 + c_1 MMig_{i,t} + c_2 WEScore_{i,t} + c_3 control_3 + v_{i,t} \tag{3}$$

式（1）～（3）中，$PI_{i,t}$ 为农户家庭 i 在 t 年每标准人的日均蛋白质摄入量，$MMig_{i,t}$ 为农户家庭在 t 年是否有男性成员外出务工，$WEScore_{i,t}$ 为农户家庭 i 在 t 年的女性赋权得分，$control_1$～$control_3$ 为控制变量向量，$\varepsilon_{i,t}$、$u_{i,t}$、$v_{i,t}$ 为随机干扰项。

本研究借鉴 Baron et al.（1986）、Sobel（1982）、Zhao et al.（2010）以及温忠麟等（2014）的做法，对女性赋权在男性外出务工对家庭成员蛋白质摄入的影响中的中介效应进行检验。具体来说，在式（1）～（3）中，若待估系数 a_1、b_1、c_2 都显著，则女性赋权在外出务工对家庭成员蛋白质摄入的影响中发挥中介效应。若待估系数 a_1 显著，但 b_1、c_2 至少有一个不显著，则需采用 Boostrap 检验进一步检验间接效应（$b_1 \times c_2$）是否显著。若间接效应显著，则认为女性赋权在男性外出务工对家庭成员蛋白质摄入的影响中存在中介效应。在中介效应存在的基础上还应继续检验 c_1 的显著性，若不显著说明存在完全中介效应，若显著则说明存在部分中介效应。

11.2.3 变量设定

（1）家庭成员蛋白质摄入量

被解释变量为家庭成员蛋白质摄入，采用家庭每标准人的日均蛋白质摄入量来衡量，以克为单位，按照以下步骤获取。首先，按照《中国食物成分表》中关于各类食物的单位蛋白质含量（如 100 克牛肉含 20 克蛋白质），将农户一个月内消费的食物（包括粮食、豆制品、薯类、蔬菜、水果、水产品、肉类、蛋类、乳制品、油脂类、调味品、饮品等类别）量转化为农户调查当月（30 天）的蛋白质总摄入量，然后再折算出农户日均蛋白质摄入量。其次，因为年龄与性别差异，个人对蛋白质的需求会有所不同，所以依照《中国居民膳食营养素参考摄入量表（DRIs）》将农户的每个家庭成员折算成标准人①，再加总得到该户的标准人数。最后，用农户日均蛋白质摄入量除以其标准人数便可得到该农户每标准人的日均蛋白质摄入量。

（2）男性外出务工

本研究将外出务工定义为户籍仍在农村的劳动者离开户籍所在地，从事农业和非农产业劳动并获得工资性收入的行为。男性外出务工变量为虚拟变量，即农户有男性成员外出务工赋值为 1，否则赋值为 0。

（3）女性赋权

如何定义和测度女性赋权一直是女性权力相关研究的重点。Kabeer（1999）将女性赋权定义为原本被剥夺了做出战略性生活选择能力的女性获取这一能力的过程，包括资源（resources）、能动性（agency）、成就（achievement）3 个维度。其中，资源指可以提高女性选择能力的物质资源、人力资源以及社会资源。能动性指女性为自身设定目标并付诸行动的能力。成就是指赋权带来的福利结果。多数研究从能动性维度出发，将女性的决策权作为其权力的测度（徐安琪，2005）。

① 标准人指轻体力活动水平的 18 岁男性，每标准人每日的蛋白质平均需要量（EAR）为 60 克。限于篇幅，标准人数的详细计算过程未在文中展开说明，折算方法参见郭红卫（2009）。

现今发展经济学领域关于女性赋权的测度及相关研究中，女性农业赋权指数（the women's empowerment in agriculture index，WEAI）这一综合指标已被广泛使用。WEAI 通过对女性赋权的直接测度，能够较全面且综合地反映女性赋权的整体情况。WEAI 包含赋权指数和性别平等指数（gender parity index，GPI）。其中，赋权指数通过女性在农业生产决策（decisions about agricultural production）、生产资源的获取与决策权（access to and decision-making power about productive resources）、收入使用控制（control of use of income）、社区领导权（leadership in the community）和时间分配（time allocation）5 个维度（the five domains of empowerment，5DE）来衡量；性别平等指数则通过家庭内部权力分配指数来衡量（Alkire et al.，2013）。在 WEAI 的基础上，黄艳芳等（2017）将上述赋权指数的 5 个维度调整为生产、资源、资产、日常消费、信贷及社会关系共 6 个维度，并赋予每个维度 1/6 的权重，构建调整的 WEAI 以测度中国贫困地区女性在农业中的赋权状况。

为测度女性赋权的整体情况，本研究在 WEAI 的基础上进行调整，通过女性在农业生产决策、生产性资产、财务支配、人际交往、日常消费 5 个维度的决策参与度构建女性赋权得分（*WEScore*）。

女性赋权得分前 4 个维度的设置同 WEAI 的 5DE 中前 4 个维度基本一致。不同之处在于，女性赋权得分使用日常消费维度替换 WEAI 的时间分配维度。这是因为本研究所关注的是女性赋权对于家庭成员蛋白质摄入的影响，而日常消费（包括食物消费）的决策参与会直接关系到家庭成员的营养摄入，因此女性在日常消费维度的决策参与度应被考虑。相比之下，时间分配维度（包括女性工作量与闲暇时间满意度）更多体现的是家庭的总体状况，其能否反映女性的真实赋权有待商榷（Holland et al.，2019）。此外，由于数据受限，借鉴黄艳芳等（2017）构建调整的 WEAI 测度中国贫困地区女性在农业中的赋权状况的做法，对于女性赋权得分未考虑 GPI。

本研究所使用的女性赋权得分的维度、定义、赋值规则与权重设置详见表 11-2。

表 11-2　女性赋权得分的维度、定义、赋值规则与权重

女性赋权维度	定义	赋值规则	权重
农业生产决策	种什么、养什么等决策	男性决定 =1	1/5
生产性资产	农机具、耕牛等役畜买卖	男女共同决定，但以男性为主 =2	1/5

续表

女性赋权维度	定义	赋值规则	权重
财务支配	由谁管钱	男女共同商量决定 =3	1/5
人际交往	婚丧嫁娶等人情往来的决策	男女共同决定，但以女性为主 =4	1/5
日常消费	食物、衣物等日常消费的决策	女性决定 =5	1/5

（4）控制变量

除以上关键解释变量，本研究控制了女性年龄、女性教育、女性信贷、女性社区参与、健康状况、家庭收入、耕地面积、家庭菜园、畜禽养殖、生活燃料、通讯支出以及市场距离等变量（Krumbiegel et al.，2020）。其中，式（2）的控制变量仅包含女性年龄、女性教育、女性信贷、女性社区参与、健康状况。所有变量的定义及赋值如表 11－3 所示。

表 11–3　变量的定义

变量	定义及赋值
蛋白质摄入	农户家庭每标准人日均蛋白质摄入量 =Σ^{a}（每类食物 30 天内消费量 × 单位食物蛋白质含量）/（标准人数 ×30），单位：克
男性外出务工	是否有男性成员外出务工：是 =1，否 =0
女性赋权得分	女性在农业生产决策、生产性资产、日常消费、财务支配及人际交往 5 个方面的赋权程度均值
女性年龄	女性年龄，单位：岁
女性教育	女性受教育年限，单位：年
女性信贷	女性是否能在银行借到钱：是 =1，否 =0
女性社区参与	女性是否参与村集体活动：是 =1，否 =0
健康状况	在过去 12 个月中，有无家庭成员持续 3 个月以上身体不好：是 =1，否 =0
家庭收入	扣除外出务工汇款收入后的全年家庭总收入（单位：元）的自然对数
耕地面积	家庭耕地面积（单位：亩）的自然对数
家庭菜园	房前屋后是否种植作物：是 =1，否 =0
畜禽养殖	是否饲养牲畜或家禽：是 =1，否 =0
生活燃料	是否使用木柴做饭：是 =1，否 =0

续表

变量	定义及赋值
通信支出	全年通信支出（电话费和邮寄费等），单位：元
市场距离	与最近市场或集市的距离，单位：千米

注：[a] 指对食物类别进行加总。

11.2.4 变量描述性统计

表 11－4 分别列示了全样本以及 2015 年和 2018 年两期样本各变量的均值与标准差。相较于 2015 年，2018 年样本农户的平均蛋白质摄入量有所增加。有男性家庭成员外出务工的农户比例也从 2015 年的 50% 提高到了 2018 年的 57%。但样本农户的女性赋权得分从 2015 年的 2.79 下降到了 2018 年的 2.56。

表 11–4 变量的描述性统计分析

变量	全样本		2015 年		2018 年	
	均值	标准差	均值	标准差	均值	标准差
蛋白质摄入	85.76	55.46	82.72	51.26	90.40	61.06
男性外出务工	0.530	0.499	0.504	0.500	0.571	0.495
女性赋权得分	2.701	1.030	2.791	1.019	2.564	1.033
女性年龄	50.15	10.82	49.71	10.87	50.82[a]	10.70
女性教育	3.832	3.660	3.876	3.657	3.765	3.666
女性信贷	0.399	0.490	0.324	0.468	0.514	0.500
女性社区参与	0.506	0.500	0.534	0.499	0.463	0.499
健康状况	0.620	0.486	0.597	0.491	0.655	0.476
家庭收入	10.03	1.226	9.954	1.160	10.14	1.313
耕地面积	1.573	0.721	1.470	0.700	1.729	0.725
家庭菜园	0.584	0.493	0.596	0.491	0.567	0.496
畜禽养殖	0.761	0.426	0.755	0.430	0.770	0.421

续表

变量	全样本		2015 年		2018 年	
	均值	标准差	均值	标准差	均值	标准差
生活燃料	0.536	0.499	0.547	0.498	0.519	0.500
通信支出	112.8	106.8	103.7	101.9	126.7	112.5
市场距离	6.640	5.892	6.409	5.747	6.993	6.095
样本量	2 089		1 262		827	

注：[a] 由于使用的数据为非平衡面板数据，样本的替代导致 2018 年与 2015 年的女性年龄均值差异并非为 3 岁，而是 1.11 岁。这意味着，2018 年中样本农户的女性较 2015 年更年轻。但考虑到重访调查农户中女性的年龄增长，样本的平均年龄增大，即代表的是相对年长的群体，该样本对于年龄的总体代表性减弱。而替换的农户中的女性相对年轻，这在一定程度上有助于纠正由于样本的平均年龄偏大而导致的样本不具年龄的总体代表性的问题。

11.3 实证结果与分析

11.3.1 基准回归结果及分析

表 11－5 列示了基准回归的估计结果。在处理面板数据时，究竟使用固定效应模型还是随机效应模型，需进行 Hausman 检验。Hausman 检验结果在 5% 的显著性水平上拒绝了原假设，表明固定效应模型优于随机效应模型①。进一步地，考虑到时间趋势对于被解释变量的潜在影响，对式（3）进行双向固定效应模型回归，估计结果显示年度虚拟变量并不显著。因此，使用个体固定效应模型对式（1）～（3）进行估计，结果如表 11－5 列（1）～（3）列示。作为参照，表 11－5 列（4）～（6）还列出了采用混合回归模型②对式（1）～（3）进行估计的结果。

从列（1）可知，男性外出务工使得农户家庭每标准人的日均蛋白质摄入量显著上升。这验证了假说 1，即男性外出务工增加了家庭成员蛋白质摄入。

① 随机效应模型的估计结果未在正文中展示，感兴趣的读者可向作者索取。

② LM 检验结果在 1% 的显著性水平上拒绝了“不存在个体随机效应”的原假设，即在随机效应模型与混合回归模型二者之间，应选择随机效应模型。结合 Hausman 检验结果（即固定效应模型优于随机效应模型）可以推断出，固定效应模型优于混合回归模型。

列（2）给出了男性外出务工对女性赋权影响的回归结果。与预期一致，男性外出务工对女性赋权得分有显著的正向影响。这一结果验证了假说 2。这是因为，男性外出务工在短期内赋予了留守女性“缺席性领导权”（孟宪范，1995），使得女性有机会按照自身偏好支配家庭收入，进行生产生活决策。该结论也与陈志光 等（2012）的研究结果相一致。

列（3）的结果显示，在控制女性赋权后，男性外出务工的影响显著且估计系数为正。这表明在其他条件不变的情况下，相对于没有男性外出务工的农户，有男性外出务工的农户每标准人日均蛋白质摄入量提高了 12.817 克。该结果再次验证了假说 1，即男性外出务工可以增加家庭成员蛋白质摄入。另外，女性赋权得分在 5% 的水平上显著，且系数为正。在其他条件不变的情况下，女性赋权得分每提高 0.1，家庭每标准人的日均蛋白质摄入量增加 0.639 克。此结果验证了假说 3，即女性赋权可以增加家庭成员蛋白质摄入。该结论也与吴晓瑜、李力行（2011）的研究结论基本相符。可能的解释为：作为家庭食物主要管理者的女性，在有限的预算内，相较于男性更偏好、更注重营养健康领域的支出（Quisumbing et al.，2003），且可通过合理安排膳食等提高家庭成员的营养水平（黄艳芳 等，2017）。

结合列（1）～（3）的结果可知，男性外出务工和女性赋权均可增加家庭成员蛋白质摄入，且男性外出务工可以促进女性赋权，即假说 1～3 均成立。因此可以推断，女性赋权在男性外出务工对家庭成员蛋白质摄入的影响中发挥中介效应（假说 4）。且从列（3）的结果来看，控制女性赋权的影响后，男性外出务工仍显著且系数为正。因此，女性赋权在其中发挥的是部分中介效应，中介效应占总效应的比重为 0.122①。这在某种程度上说明，男性外出务工对家庭成员蛋白质摄入的促进作用大约有 12.2% 是通过女性赋权的中介作用实现的。

表 11-5　基准回归估计结果

项目	个体固定效应模型			混合回归模型		
	（1）	（2）	（3）	（4）	（5）	（6）
男性外出务工	14.482**	0.277**	12.817*	17.011***	0.057	17.151***
	（7.172）	（0.108）	（6.982）	（1.685）	（0.047）	（1.698）

① 具体的计算公式为：$b_1c_2/a_1=0.277\times 6.389/14.482=0.122$。

续表

项目	个体固定效应模型			混合回归模型		
	(1)	(2)	(3)	(4)	(5)	(6)
女性赋权得分	—	—	6.389**	—	—	-1.692
	—	—	(3.075)	—	—	(1.084)
女性年龄	0.687*	-0.006	0.708*	0.313**	-0.003	0.301**
	(0.359)	(0.007)	(0.362)	(0.122)	(0.003)	(0.120)
女性教育	2.751	-0.038	2.909*	0.437	0.016*	0.471*
	(1.742)	(0.027)	(1.763)	(0.247)	(0.007)	(0.225)
女性信贷	—	0.336***	—	—	0.344***	—
	—	(0.080)	—	—	(0.043)	—
女性社区参与	—	0.249***	—	—	0.240***	—
	—	(0.083)	—	—	(0.041)	—
健康状况	-11.658**	-0.090	-10.858*	-8.454***	-0.076	-8.585***
	(5.940)	(0.091)	(5.813)	(1.783)	(0.043)	(1.788)
家庭收入	7.954**	—	8.396**	3.624*	—	3.592*
	(3.381)	—	(3.354)	(1.484)	—	(1.478)
耕地面积	-2.882	—	-2.454	1.802	—	1.410
	(4.825)	—	(4.763)	(2.386)	—	(2.281)
家庭菜园	4.372	—	4.705	-4.094*	—	-3.948*
	(5.474)	—	(5.401)	(1.708)	—	(1.614)
畜禽养殖	8.530	—	9.720	1.929	—	2.124
	(6.289)	—	(6.453)	(4.027)	—	(3.919)
生活燃料	3.929	0.127	3.051	4.904	-0.049	4.731
	(5.483)	(0.103)	(5.603)	(2.855)	(0.085)	(2.826)
通信支出	0.051*	-0.001*	0.054*	0.016	-0.000**	0.016
	(0.030)	(0.000)	(0.030)	(0.015)	(0.000)	(0.015)

续表

项目	个体固定效应模型			混合回归模型		
	（1）	（2）	（3）	（4）	（5）	（6）
市场距离	0.363	0.004	0.323	0.641***	-0.015***	0.624***
	（0.761）	（0.010）	（0.750）	（0.167）	（0.002）	（0.158）
常数项	-54.243	2.800***	-78.579**	17.682	2.733***	23.641
	（35.250）	（0.412）	（35.970）	（13.337）	（0.191）	（14.447）
组间 R^2	0.063	0.080	0.073	—	—	—
R^2	—	—	—	0.041	0.061	0.041
样本量	2 089	2 089	2 089	2 089	2 089	2 089

注：①列（1）（3）（4）（6）的被解释变量为蛋白质摄入，列（2）和列（5）的被解释变量为女性赋权得分；② ***、**、* 分别表示 1%、5% 和 10% 的显著性水平；③括号内数字为标准误。

此外，无论是否控制女性赋权的影响，列（1）和列（3）的结果表明各控制变量对蛋白质摄入的影响基本一致，控制变量中的女性年龄及其受教育水平对蛋白质摄入具有较为显著的促进作用。此外，如列（2）所示，女性社区参与对女性赋权得分具有显著的正向影响。这与 Majokweni et al.（2021）的研究结果相一致。女性参与村集体活动可扩大交往范围，有助于其获取更多的社会资本，从而有助于缩小家庭内部夫妻之间的资源禀赋差异，提高女性赋权。列（1）和列（3）显示，健康状况对家庭成员蛋白质摄入具有显著的负向影响。家庭成员的健康状况不佳会减少家庭劳动力的有效供给，导致农户收入减少，收紧家庭预算约束，家庭食物消费的数量与种类因此受到负向影响，不利于家庭成员的营养摄入和健康水平的改善。而列（1）和列（3）均表明，家庭收入对家庭成员蛋白质摄入有显著的正向影响，该结论与李雷等（2020）的研究结论基本一致。另外，通信支出越高，外出务工人员同家庭的联系越紧密，越有利于向家庭灌输新的消费和健康观念，从而间接提高家庭成员蛋白质摄入。

11.3.2 稳健性检验

（1）稳健性检验一：估计偏误的测算

上文使用个体固定效应模型估计了男性外出务工、女性赋权对家庭成员

蛋白质摄入的影响。使用这一模型可以解决不随时间变化但随不同个体变化的遗漏变量问题，但仍可能存在随时间而变化的遗漏变量问题，从而造成估计偏误。因此，借鉴Altonji等（2005）及Bellows等（2009）的方法，利用可观测变量计算不可观测变量造成估计偏误的可能性，进行稳健性检验[①]。首先进行两组回归，一组不加入控制变量或仅加入少数控制变量，另一组加入全部控制变量，分别计算两组回归中的关键解释变量的系数$\hat{\beta}^{R}$和$\hat{\beta}^{F}$（R代表包含部分控制变量组，F代表包含全部控制变量组）。其次，将$\hat{\beta}^{R}$和$\hat{\beta}^{F}$代入如下公式：$Ratio=\left|\hat{\beta}^{F}/\left(\hat{\beta}^{R}-\hat{\beta}^{F}\right)\right|$，计算出$Ratio$值。由上述公式可知：$\hat{\beta}^{R}$和$\hat{\beta}^{F}$的差异越小，$Ratio$值越大，可观测变量对被解释变量的影响就越小，即不可观测变量造成的估计偏误越大；$\left|\hat{\beta}^{F}\right|$越大，$Ratio$值越大，不可观测变量对被解释变量的影响就越大。然而需要特别指出，$Ratio$值越大，表明因遗漏变量造成估计偏误的可能性越小。因为若要改变当前的估计结果，则应在现有模型的基础上纳入更多的遗漏变量，且这些遗漏变量对被解释变量的解释力也须变得越大，而这种可能性随着$Ratio$值的增大而减小。

借鉴丁从明等（2018）的做法，本研究针对家庭成员蛋白质摄入这一被解释变量，分别构建两个包含受约束控制变量（restricted set of control variables）的回归以及两个包含全部控制变量（full set of control variables）的回归。其中，前者包括回归一和回归二：回归一只引入关键解释变量（男性外出务工），不加入控制变量；回归二引入关键解释变量（男性外出务工）以及女性年龄、女性教育。后者包括回归三和回归四：回归三包含式（3）的全部控制变量；回归四包含式（3）的全部控制变量和省份虚拟变量。然后，利用混合回归模型依次估计上述4个回归中关键解释变量（男性外出务工）的系数，并分别计算$Ratio$值[②]。上述过程包含了4种情形，具体如表11-6所示。例如在情形一中，首先对回归一进行估计，得到男性外出务工的估计系数$\hat{\beta}^{R}$（16.583）；其次对回归三进行估计，得到男性外出务工的估计系数$\hat{\beta}^{F}$（17.011）；最后，根据$Ratio$的计算公式算出所对应的$Ratio$值（39.745）。类似地，可计算出情形二、情形三和情形四下的$Ratio$值分别为25.504、19.626和27.927（见表11-6）。

① 该稳健性检验的具体步骤参见丁从明等（2018）。

② 与Bellows and Miguel（2009）的研究一致，本研究使用混合回归的估计系数计算*Ratio*值。

表 11-6 稳健性检验一：估计偏误的测算

情形	受约束控制变量的回归	包含全部控制变量的回归	对应的 *Ratio* 值
情形一	回归一	回归三	39.745
情形二	回归二	回归三	25.504
情形三	回归一	回归四	19.626
情形四	回归二	回归四	27.927

表 11-6 的结果显示，四种情形之下计算得到的 *Ratio* 值介于 19.626～39.745，均值为 28.201。换言之，若要改善现有的估计结果，那么遗漏变量的影响至少要达到现有控制变量影响的 19.626 倍，平均则要达到 28.201 倍，而这一可能性极小。此结果在某种程度上证明了基准回归估计结果的稳健性①。

（2）稳健性检验二：替换关键解释变量

通过改变女性赋权得分的各维度指标权重，重新构建调整后的女性赋权得分（*A-WEScore*），以替换之前的女性赋权得分（*WEScore*）。具体而言，将原本 5 个维度重新划分为生产和生活 2 个维度，各赋 1/2 的权重，然后在两个维度内部均等划分权重。因此，生产维度的农业生产决策以及生产性资产各占 1/4 的权重，而生活维度的财务支配、人际交往以及日常消费各占 1/6 的权重。同样使用个体固定效应模型分别对式（1）～（3）进行估计，估计结果（见表 11-7）与基准回归一致。由此，可以认为，男性外出务工、女性赋权对家庭成员蛋白质摄入有正向影响，男性外出务工能促进女性赋权，且回归结果是稳健的。

表 11-7 稳健性检验二：替换关键解释变量

项目	（1）	（2）	（3）
男性外出务工	14.482**	0.271**	12.769*
	（7.172）	（0.109）	（6.970）
女性赋权得分	—	—	6.727**
	—	—	（3.046）

① 由于 *Ratio* 值较大，可认为在混合回归中，遗漏变量造成估计偏误的可能性极小。而采用固定效应模型的基准回归还可解决不随时变的遗漏变量问题，优于采用混合回归模型，故可认为遗漏变量对于采用固定效应模型的基准回归造成估计偏误的可能性更小。因此，基准回归的结果是可信的。

续表

项目	（1）	（2）	（3）
常数项	-54.243	2.687***	-79.016**
	（35.250）	（0.415）	（36.239）
组内 R^2	0.063	0.078	0.074
样本量	2 089	2 089	2 089

注：①列（1）、列（3）的被解释变量为蛋白质摄入，列（2）的被解释变量为女性赋权得分；② ***、**、* 分别表示 1%、5% 和 10% 的显著性水平；③括号内数字为标准误；④各回归已加入控制变量，估计结果略。

（3）稳健性检验三：子样本回归

考虑到基准回归所使用的数据为非平衡面板数据，两期样本的农户不完全一致，有可能对估计结果造成偏误。从非平衡面板样本中提取平衡面板子样本（473 户，共 946 个样本），仍使用个体固定效应模型对式（1）～（3）进行估计。估计结果（见表 11-8）同基准回归一致，再次证明估计结果的稳健性。

表 11-8　稳健性检验三：子样本回归

项目	（1）	（2）	（3）
男性外出务工	14.482**	0.277**	12.817*
	（7.200）	（0.108）	（7.012）
女性赋权得分	—	—	6.389**
	—	—	（3.088）
常数项	-57.054	2.789***	-81.591**
	（35.969）	（0.417）	（36.671）
组内 R^2	0.063	0.080	0.073
样本量	946	946	946

11.3.3　异质性分析

（1）男性外出务工、女性赋权对不同收入水平的农户家庭成员蛋白质摄入的影响

为了考察男性外出务工、女性赋权对家庭成员蛋白质摄入的影响在不同收入

水平的农户间的差异，根据样本农户家庭人均收入的中位数（8 678 元），将样本划分为高收入组与低收入组，对式（1）～（3）进行分组回归。

表 11-9 列（1）～（6）给出个体固定效应模型的估计结果。从列（1）和列（4）的结果可知，男性外出务工均在 10% 的水平上显著且系数为正。换言之，无论是对于收入较低的农户还是收入较高的农户，男性外出务工都可增加家庭成员蛋白质摄入。列（2）和列（5）的结果显示，男性外出务工对女性赋权的影响仅在高收入组显著，即男性外出务工仅促进了高收入组农户的女性赋权。从列（3）和列（6）的结果来看，在控制女性赋权后，男性外出务工对家庭成员蛋白质摄入的影响仅在低收入组存在。女性赋权均在 5% 的水平上显著，且系数均为正。这说明，无论是对于低收入组还是对于高收入组的农户，女性赋权均可增加家庭成员蛋白质摄入。

表 11-9　男性外出务工、女性赋权对不同收入水平的农户家庭成员蛋白质摄入的影响

项目	低收入组			高收入组		
	（1）	（2）	（3）	（4）	（5）	（6）
男性外出务工	24.230*	0.204	22.042*	17.947*	0.378**	14.719
	（12.361）	（0.171）	（11.463）	（10.878）	（0.164）	（10.906）
女性赋权得分	—	—	11.684**	—	—	9.921**
	—	—	（5.908）	—	—	（4.436）
常数项	−2.972	2.040***	−32.165	13.858	3.139***	−22.708
	（36.605）	（0.690）	（42.150）	（40.352）	（0.651）	（42.310）
组内 R^2	0.103	0.158	0.142	0.068	0.082	0.089
样本量	1 044	1 044	1 044	1 045	1 045	1 045

以上结果似乎表明，在没有控制女性赋权的影响时，男性外出务工对家庭成员蛋白质摄入的影响在不同收入组间存在差异（24.230＞17.947）；女性赋权得分对家庭成员蛋白质摄入的影响在不同收入组间也存在差异（11.684＞9.921）。但严格从统计意义上看，上述影响的异质性是否真实存在仍需进一步统计检验。现有用于检验组间系数差异的方法主要有三种：Chow 检验、似无相关模型检验以及费舍尔组合检验（参见连玉君 等，2017）。其中，由于 Chow 检验的假定条件较为严格，本研究使用似无相关模型检验以及费舍尔组合检验方法对上述影响的异质性进行检验。检验结果表明，在没有控制女性赋权的影响时，男性外出务

工对家庭成员蛋白质摄入的影响在不同收入组间并无显著差异；女性赋权对家庭成员蛋白质摄入的影响在不同收入组间也无显著差异。因此，不可仅通过比较系数绝对值的大小得出男性外出务工对家庭成员蛋白质摄入的影响以及女性赋权得分对家庭成员蛋白质摄入的影响在不同收入组间存在差异的结论。

综上易知，由于男性外出务工对女性赋权的正向影响仅在高收入组中显著，且在控制女性赋权后，男性外出务工对家庭成员蛋白质摄入的影响不再显著。因此，女性赋权仅在高收入组中存在完全中介效应。

（2）不同外出距离的男性外出务工对女性赋权的影响

以没有男性外出务工为参照，使用男性跨省务工（是 =1，否 =0）和男性本省务工（是 =1，否 =0）替换式（2）中的男性外出务工变量，以分析不同外出距离的男性外出务工对女性赋权的异质性影响。从表 11-10 列（1）可以看到，男性跨省务工和男性本省务工均显著且系数为正。这表明，不论外出距离远近，相较于没有男性外出务工的农户，有男性外出务工的农户中女性赋权均显著提高。该结论与基准回归结果一致，但与男性跨省务工相比，男性本省务工的显著性水平较低，系数值较小。

表 11-10　男性外出务工目的地离家乡的不同距离对女性赋权的影响

项目	（1）	（2）
男性本省务工	0.257**	—
	（0.122）	—
男性跨省务工	0.316***	0.103
	（0.122）	（0.131）
常数项	2.797***	2.486***
	（0.412）	（0.657）
组内 R^2	0.080	0.081
样本量	2089	1108

进一步地，为直接比较男性跨省务工与男性本省务工对女性赋权的影响差异，在基准回归的基础上进一步缩小样本范围，将有男性外出务工的农户作为研究对象，并使用男性是否跨省务工替换式（2）中的男性外出务工变量进行估计。表 11-10 列（2）的结果说明，相较于男性本省务工，男性跨省务工对女性赋权的影响并不显著。换言之，男性是否跨省外出务工对女性赋权的影响并无显著差异。

11.4 结论及建议

本章通过分析 2015 年和 2018 年贵州、云南、陕西和甘肃四省欠发达地区农村的 2 089 份农户追踪调查数据，运用个体固定效应模型验证男性外出务工、女性赋权对家庭成员蛋白质摄入的影响，并探讨女性赋权在男性外出务工对于家庭成员蛋白质摄入的影响中的作用机制。我们从农业生产决策、生产性资产、财务支配、人际交往以及日常消费 5 个方面综合测度农户女性赋权。研究结果发现：第一，男性外出务工对家庭成员蛋白质摄入有显著的正向影响；第二，男性外出务工可改善女性赋权；第三，女性赋权也提高了家庭成员蛋白质摄入；第四，女性赋权在男性外出务工对家庭成员蛋白质摄入的影响中有部分中介效应，进一步地，对于收入较高的样本农户，女性赋权在男性外出务工对其家庭成员蛋白质摄入的影响中有完全中介效应。此外，男性外出务工距离家乡的远近对女性赋权的影响无显著差异。

上述结论有如下政策启示：在推动男性外出务工增加农户收入水平的基础上，可通过进一步提高女性赋权来促进农户家庭成员蛋白质摄入。在当前中国不断加快城镇化进程和农村剩余劳动力继续转移的大背景下，农户基于“男主外，女主内”这一原则在性别之间进行非农经济活动和农业生产劳动的分工，留守女性因而已成为目前中国农村生产生活的最主要的参与主体。因此，一方面，政府应通过技术培训、农民就业辅导和职业培训等措施，积极帮助欠发达地区的农民增加外出务工的机会，助力农户收入水平的进一步提高，从而改善他们的蛋白质等营养摄入。另一方面，应更多关注留守在广大农村地区的女性的生存和生活状况。让社会逐步认识到：首先，在大批青壮年男性劳动力进城务工从事非农生产活动的背景下，农村留守女性已经成为当下中国农业生产的中坚劳动力群体；其次，农村留守女性对其家庭做出的贡献不仅仅局限于其从事农业生产所获得的直接收入，还应包括为解决男性外出务工的后顾之忧而承担的家庭照料工作（李实，2001），她们的社会价值应该得到进一步的评估和肯定。同时，应鼓励广大留守农村的女性积极参与村庄集体活动，增加女性的社区参与感。让女性在社区活动参与过程中获得更多的村庄话语权，从而提高农村女性赋权，改善农村女性的社会生活质量和社会地位。

在研究方法上可能存在一定的局限性，例如对女性赋权的测度。女性赋权是一个多维度、多侧面的动态变量，难以被精确测度（徐安琪，2005）。尽管我们考虑到家庭决策的重要程度差异，在稳健性检验中对不同方面决策的权重进行了调整，但由于这种差异无法被准确量化，不同权重的设置亦有一定的主观色彩。另外，因本章所使用的面板数据只有2015年和2018年两期，时间间隔较短。如果欲估算男性外出务工、女性赋权对农户家庭成员蛋白质摄入的影响在长期的变化以及变化趋势，需要使用更长时序的面板数据进行更进一步的论证。再者，由于样本和数据的限制，研究结论的普遍性需要进一步探讨。我们着重讨论的是欠发达地区农村男性外出务工、女性赋权对家庭成员蛋白质摄入的影响及其机制，如果想进一步验证结论是否适用于其他地区，则需进一步收集这些地区的相关数据进行论证。

参考文献

陈志光，杨菊华，2012. 农村在婚男性流动对留守妇女家庭决策权的影响［J］. 东岳论丛（4）：70-76.

程名望，JIN YANHONG，盖庆恩，等，2014. 农村减贫：应该更关注教育还是健康：基于收入增长和差距缩小双重视角的实证［J］. 经济研究（11）：130-144.

丁从明，吴羽佳，秦姝媛，等，2018. 社会信任与公共政策的实施效率：基于农村居民新农保参与的微观证据［J］. 中国农村经济（5）：109-123.

范红丽，辛宝英，2019. 家庭老年照料与农村妇女非农就业：来自中国微观调查数据的经验分析［J］. 中国农村经济（2）：98-114.

高小贤，1994. 当代中国农村劳动力转移及农业女性化趋势［J］. 社会学研究（2）：83-90.

郭红卫，2009. 医学营养学［M］. 上海：复旦大学出版社.

黄艳芳，顾蕊，聂凤英，2017. 妇女赋权对贫困农户食物安全的影响［J］. 中国食物与营养（5）：83-90.

李雷，白军飞，张彩萍，2019. 外出务工促进农村留守人员肉类消费了吗：基于河南、四川、安徽和江西四省的实证分析［J］. 农业技术经济（9）：27-37.

李雷，白军飞，张彩萍，2020. 贫困县视角下农村居民收入对膳食健康的影响研究：基于CHNS数据的微观实证［J］. 农业现代化研究（1）：93-103.

李实，2001. 农村妇女的就业与收入：基于山西若干样本村的实证分析［J］. 中国社会科学（3）：56-69.

李晓云，张晓娇，2020. 收入与农业生产类型对中国农村居民营养的影响［J］. 华中农业大学学报（社会科学版）（4）：37-49.

连玉君，廖俊平，2017. 如何检验分组回归后的组间系数差异［J］. 郑州航空工业管理学院学报（6）：97-109.
刘晓昀，2010. 农村劳动力流动对农村居民健康的影响［J］. 中国农村经济（9）：76-81.
马双，臧文斌，甘犁，2010. 新型农村合作医疗保险对农村居民食物消费的影响分析［J］. 经济学（季刊）（1）：249-270.
孟宪范，1995. “男工女耕”与中国农村女性的发展［J］. 社会科学战线（1）：248-251.
秦立建，张妮妮，蒋中一，2011. 土地细碎化、劳动力转移与中国农户粮食生产：基于安徽省的调查［J］. 农业技术经济（11）：16-23.
孙文凯，王乙杰，2016. 父母外出务工对留守儿童健康的影响：基于微观面板数据的再考察［J］. 经济学（季刊）（3）：963-988.
孙新华，2013. 强制商品化：“被流转”农户的市场化困境：基于五省六地的调查［J］. 南京农业大学学报（社会科学版）（5）：25-31.
田旭，黄莹莹，钟力，等，2018. 中国农村留守儿童营养状况分析［J］. 经济学（季刊）（1）：247-276.
王弟海，2012. 健康人力资本、经济增长和贫困陷阱［J］. 经济研究（6）：143-155.
王兴稳，樊胜根，陈志钢，等，2012. 中国西南贫困山区农户食物安全、健康与公共政策：基于贵州普定县的调查［J］. 中国农村经济（1）：43-55.
温忠麟，叶宝娟，2014. 中介效应分析：方法和模型发展［J］. 心理科学进展（5）：731-745.
文洪星，韩青，2018. 非农就业如何影响农村居民家庭消费：基于总量与结构视角［J］. 中国农村观察（3）：91-109.
吴晓瑜，李力行，2011. 母以子贵：性别偏好与妇女的家庭地位：来自中国营养健康调查的证据［J］. 经济学（季刊）（3）：869-886.
肖海峰，李瑞锋，努力曼，2008. 我国贫困地区农村居民家庭食物安全状况的自我评价及影响因素分析［J］. 农业技术经济（3）：47-53.
肖运来，聂凤英，2010. 中国食物安全状况研究［M］. 北京：中国农业科学技术出版社.
徐安琪，2005. 夫妻权力和妇女家庭地位的评价指标：反思与检讨［J］. 社会学研究（4）：134-152.
殷浩栋，毋亚男，汪三贵，等，2018. “母凭子贵”：子女性别对贫困地区农村妇女家庭决策权的影响［J］. 中国农村经济（1）：108-123.
ALKIRE S R,MEINZEN-DICK A,PETERMAN A,et al.,2013.The Women's Empowerment in Agriculture Index［J］. World Development,52:71-91.
ALTONJI J G,T E ELDER,C R TABER, 2005.Selection on Observed and Unobserved Variables: Assessing the Effectiveness of Catholic Schools［J］. Journal of Political

Economy, 113（1）：151-184.

BARON R M, D A KENNY, 1986.The Moderator-mediator Variable Distinction in Social Psychological Research:Conceptual,Strategic,and Statistical Considerations[J]. Journal of Personality and Social Psychology, 51（6）：1173-1182.

BELLOWS J,E MIGUEL,2009.War and Local Collective Action in Sierra Leone[J]. Journal of Public Economics,93（11-12）：1144-1157.

HODDINOTT J,L HADDAD,1995.Does Female Income Share Influence Household Expenditures-Evidence From Côte d'Ivoire[J]. Oxford Bulletin of Economics and Statistics,57（1）：77-96.

HOLLAND C,A RAMMOHAN, 2019.Rural Women's Empowerment and Children's Food and Nutrition Security in Bangladesh[J]. World Development,124.

KABEER N, 1999.Resources,Agency, Achievements:Reflections on the Measurement of Women's Empowerment[J]. Development and Change,30（3）：435-464.

KASSIE M,M FISHER,G MURICHO,et al.,2020.Women's Empowerment Boosts the Gains in Dietary Diversity from Agricultural Technology Adoption in Rural Kenya[J]. Food Policy,95.

KRUMBIEGEL K M MAERTENS,M WOLLNI,2020.Can Employment Empower Women? Female Workers in the Pineapple Sector in China[J]. Journal of Rural Studies,80:76-90.

MAJOKWENI Z P,J MOLNAR,2021.Gender and Rural Vitality: Empowerment through Women's Community Groups[J]. Rural Sociology.

QUISUMBING A R,J A MALUCCIO,2003.Resources at Marriage and Intrahousehold Allocation: Evidence from Bangladesh, Ethiopia, Indonesia, and South Africa[J]. Oxford Bulletin of Economics and Statistics, 65（3）：283-327.

SOBEL M E,1982.Asymptotic Confidence Intervals for Indirect Effects in Structural Equation Models[J]. Sociological Methodology,13（7）：290-312.

ZHAO X,J G LYNCH,Q CHEN,2010.Reconsidering Baron and Kenny: Myths and Truths about Mediation Analysis[J]. Journal of Consumer Research,37（2）：197-206.

12 农户食物消费的社会心理因素：态度、主观规范、行为控制认知、认知需求和习惯的作用

到 2030 年消除世界上所有形式的饥饿和营养不良是联合国可持续发展目标的一个基本组成部分。微量营养素缺乏症是营养不良的一种形式，目前全世界有 20 多亿人受其影响，在发展中国家贫困的农村地区尤为普遍（IFPRI，2017；Pinstrup-Anderson，2007）。越来越多的文献研究表明，饮食多样性低是导致微量营养素缺乏的主要原因（Heady et al.，2013）。因此，多样化的饮食被认为对减少微量营养素缺乏症和实现积极健康的生活至关重要（Sibhatu et al.，2018；Otsuka et al.，2016）。

为了增加饮食多样性和改善目标群体的食物消费，有必要了解人们食物选择的决定因素以及这些决定因素对食物消费的影响程度。食物选择是复杂的，不仅与经济因素有关，还受社会和心理的影响（Rozin，2006）。然而，对发展中国家农村居民的食物消费研究相对较多地集中在价格、收入和市场发展等经济因素上，很少涉及社会和心理因素。

本章旨在考察社会心理因素对我国贫困县农户食物消费的影响。重点关注消费量远低于《中国居民膳食指南 2016》中平衡膳食宝塔推荐的摄入水平下限但营养价值丰富的食物类别，包括奶制品、鱼类、蛋类、水果等。肉类的消费水平与推荐标准差异不大，但也进行研究以进行比较。研究基于计划行为理论（Theory of Planned Behavior，TPB），探讨态度（Attitude）、主观规范（Subjective norms，SN）、行为控制认知（Perceived behavioral control，PBC）对农户食物消费的影响，并进一步扩展挖掘认知需求（Perceived need，PN）和习

惯（Habit）的作用，增加了 TPB 在发展中国家农村居民食物消费中的应用证据。研究基于对中国贫困县农户的随机抽样调查，采用结构方程模型对拓展的计划行为理论中各变量之间的关系进行检验。通过比较 TPB 理论框架下，影响不同种类食物消费的不同的社会心理因素和影响程度，了解为什么有些人选择消费更多的某种食物，而另一些人则选择不食用，以及为什么某些食物的消费频率比其他食物低。这些研究结果将有助于设计干预措施以改善目标群体的食物消费。

在以下各节中，先对社会心理模型在食物消费研究中的应用做简要综述，再对理论框架、研究假设和方法进行介绍。最后汇报实证研究结果并讨论认知需求和习惯在 TPB 中的作用以及提高贫困县农户奶制品、鱼类、蛋类和水果消费的相关建议。

12.1 社会心理模型在食物消费研究中的应用

社会心理学模型是分析决策因素和过程的有效工具，研究结果可为设计干预措施提供依据，从而引导目标行为的实现（Hardcastle et al.，2015）。在这些理论模型中，计划行为理论（TPB）的应用最为普遍，并已广泛应用于众多领域的消费者意向和行为预测（Armitage et al.，2001），包括食物消费领域（Shepherd et al.，2006）。简而言之，TPB 通过意向和行为控制认知来预测人们的行为；而意向又是通过态度、主观规范和行为控制认知来预测的。从 TPB 应用在饮食行为和食物选择的系统性文献综述看，TPB 可以很好地预测食物消费意向和行为（Shepherd et al.，2006；McEachan et al.，2011；McDermott et al.，2015）。关于食物选择的最新系统性文献综述表明，与意向最密切相关的态度（$r = 0.54$），其次是行为控制认知（$r = 0.42$）和主观规范（$r = 0.37$）。就行为的解释力来说，意向（$r = 0.45$）比行为控制认知（$r = 0.27$）的解释力更强（McDermott et al.，2015）。然而，在全部 43 项相关研究中见（McDermott et al.，2015）中列举的研究清单，只有 7 项是在发展中国家进行的，而且所有研究都是针对城市消费者，没有一项研究是针对农村居民的。可见针对发展中国家农村居民食物选择和消费的社会心理模型应用十分缺乏。

尽管 TPB 被证明在预测食物选择和消费意向和行为方面是有效的，但对于 TPB 的构成部分仍存在质疑的声音。值得注意的是，认知需求和习惯是建议加入 TPB 以预测食物选择和饮食行为的两个结构变量（Verbeke et al.，2005；Paisley et al.，1998）。前者表示个人是否认为某种食物是需要消费的，后者表示个人是否具有消费某种食物的习惯。标准的 TPB 并没有考虑这两个因素，但一些研究表明它们分别对意向有较强的解释力。然而，认知需求、习惯这两个因素都是分别研究的（Verbeke et al.，2005；Paisley et al.，1998；Povey et al.，2000；Payne et al.，2004；Saba et al.，1998；Saba et al.，2000），从未同时被纳入到 TPB 中。此外，大多数与食物相关的研究，在解释意向的阶段就停止了。认知需求、习惯在多大程度上会影响到行为仍需探索。

12.2 计划行为理论及研究假设

12.2.1 计划行为理论

Ajzen 提出的计划行为理论（TPB）是目前最常用的理解人类行为的社会心理学模型之一（Ajzen，1991，2005，2012）。TPB 提出通过意向和行为控制认知来预测某一特定行为，这反映了人们对该行为的执行能力。

根据 TPB，意向是由三种不同维度的信念和对这些信念的评估所决定的：行为信念，是指进行该行为的认知结果以及对这些结果的评估；规范性信念，是指某人认为重要的其他人或团体对其行为的期望程度，以及遵从这些重要人士或团体的动机；控制信念，是个体的动机因素，主要指个体主观感觉到某种行为的限制或推动因素及其实施的难易程度。

这三种信念都被认为是很容易在过往经验中获得的且形成了记忆，然后导致三种信念形成，即对行为的态度（由行为信念产生）、主观规范（由规范信念产生）和行为控制认知（由控制信念产生）。TPB 预测，如果一个人对某一行为有更积极的态度和主观规范，并且对该行为有更强的控制认知，那么他执行该行为的意向就会更强。反过来，除了行为控制认知外，更强的意向预示着更有可能执行行为（Ajzen，2015）。

态度（Attitude，ATT）反映人们如何认知和评价某一特定行为的不同属性。态度（ATT）与各行为信念（b_i）的强度与信念结果（e_i）的主观评价的乘积的总和成正比。例如，对于喝奶制品的行为，人们可能有两个主要的行为信念，一个是喝奶制品有益健康，另一个是奶制品是美味的。喝奶制品“有益健康”的信念的强度可能比“美味”的信念的强度更强（或更弱）。然而，对口感结果的评价可能比健康的评价高（或低），因此人们在决定喝奶制品时可能认为口感比健康更重要（或不那么重要）。乘积项的结果本质上是一种经验评估。态度（ATT）的计算应用下列公式：

$$ATT \propto \sum b_i e_i \qquad (i=1,\cdots,I)$$

式中，I 为组成态度的相关属性个数。

主观规范（Subjective norms，SN）反映社会因素对决策的影响。主观规范（SN）与给定社会参照物相关联的每个规范性信念的强度（n_j）与遵守该参照物的动机（m_j）的乘积的总和成正比。还是以喝奶制品为例，青少年可能会经常听到母亲的建议，说喝奶制品对他/她的成长有好处，青少年遵从母亲的建议的动机也可能很高。主观规范（SN）的计算应用下列公式：

$$SN \propto \sum n_j m_j \qquad (j=1,\cdots,J)$$

式中，J 为相关社会参照物的数量。

行为控制认知（Perceived behavioral control，PBC）反映执行某种行为的难易程度。这种难易程度可能取决于能力（技能、知识等）、资源（金钱、时间等）、障碍等。与 ATT 和 SN 类似，行为控制认知（PBC）与各控制信念（c_k）（认为存在一个控制因素）的各强度与认知控制因素（p_k）的总和成正比。

$$PBC \propto \sum c_k p_k \qquad (k=1,\cdots,K)$$

式中，K 为行为控制认知的相关因素个数。

12.2.2 计划行为理论的扩展

TPB 主要有两种扩展，一种是针对某一个 TPB 结构内部模块的拓展，另一种在传统 TPB 上加入额外的结构，以增加模型的解释力度。

态度结构可能同时存在正向与负向的部分（Thompson et al.，1995）。例如，吃巧克力是愉快的，但不健康。有几项研究建议同时捕捉积极和消极两方面来构建态度，尽管纳入两方面的态度后，态度与意向之间的相关性往往会减弱（Povey et al.，2001；Sparks et al.，2001）。态度也被区分为情感成分和认知成分。前者代表了人们在情感上的感受（如愉快或不愉快），后者更多地与功利结果的评估（如健康或不健康）有关。关于健康饮食的证据表明，一般来说，情感成分比认知成分对意向的影响更大（Scholderer et al.，2001；Leek et al.，2000）。

主观规范分为社会规范和个人规范。社会规范与他人或团体的期望有关，而个人规范则反映了个人的道德义务或伦理（Shepherd et al.，2006）。在食物选择方面，道德义务通常是指为了其他家庭成员的健康和幸福而做出的食物决定

（Verbeke et al.，2005；Leek et al.，2000）。

行为控制认知主要包括促进或干扰条件。在实证方面，Verbeker et al.（2005）把过去的行为和习惯作为行为控制认知的组成部分，但没有从理论上解释原因。

然而，在 TPB 中，习惯更常被认为是一个单独的结构（Russell et al.，2017；Klöckner，2013）。这是因为研究发现，TPB 对较不需要思考就能做决定的行为或习惯性行为的解释和预测力较弱（Bagozzi，1981）。换句话说，将习惯作为 TPB 中额外的、单独的结构，会增加习惯性行为的方差解释比例。在与食物相关的研究中，Verbeke et al.（2005）发现，与将习惯作为 PBC 的一部分相比，将习惯作为 TPB 中单独的结构能将解释方差从 30.8% 增加到 52.0%。此外，习惯是意向和行为十分重要的影响因子。Verbeke et al.（2005）发现习惯对吃鱼意向的影响为 0.635，Russell et al.（2017）发现习惯对食物浪费行为的影响为 0.650，大于其他任何影响因子。一些研究将过去的行为（与习惯相关但不相同的变量）包括在 TPB 中以解释食物选择（Paisley et al.，1998；Wong et al.，2009）。Wong et al.（2009）将 TPB 应用于早餐消费的解释，发现在考虑了过去的行为之后，TPB 对行为的解释力增加了，但同时意向对行为的影响减弱了。然而，Ajzen（2005）认为习惯不同于过去的行为，它反映了一种行为的稳定性，并且在理论上并不能影响意向和行为。总体上，我们支持将习惯作为一个单独的解释变量纳入 TPB，因为习惯的存在可能会改变 TPB 中的其他结构对意向和行为的影响（Bamberg et al.，2010）。

认知需求是另一个考虑因素，尤其是在食物消费领域，应考虑将其包括在 TPB 中作为单独的影响因子。Paisley et al.（1998）首先引入了认知需求作为一个额外的影响因子，他们认为 TPB 的结构缺乏人们是否认为自己需要执行某种行为的信息。一个人可能对某一特定行为有积极的态度、主观规范和行为控制认知，但却认为不需要执行该行为。研究发现，加入认知需求将减少脂肪摄入意向的解释力度增加了 5 个百分点（Paisley et al.，1998），将吃低脂肪饮食和每天吃五份水果和蔬菜意向的解释力度增加了 6 个和 11 个百分点（Povey et al.，2000），将饮食健康意向的解释力度增加了 3 个百分点（Payne et al.，2004）。Payne et al.（2004）还发现，认知需求是最能解释健康饮食意向的因素，但不能解释健康饮食行为。总的来说，现有的研究表明，认知需求是食物消费意向的重要解释因子，但很少有人研究它在解释行为中的作用。

12.2.3 研究假设

本章旨在探讨农村居民消费肉类、蛋类、奶制品、鱼类和水果的社会心理因素。与 TPB 及其扩展规范相一致，我们在态度中包含了情感和认知成分，在主观规范中包含了社会和个人规范，我们预期态度、主观规范和行为控制认知将预测意向，而意向和行为控制认知将预测行为。因此做出如下假设。

假设 1：肉类 / 蛋类 / 奶类 / 鱼类 / 水果的消费态度与肉类 / 蛋类 / 奶类 / 鱼类 / 水果的消费意向呈正相关。

假设 2：肉类 / 蛋类 / 奶制品 / 鱼类 / 水果消费的主观规范与消费肉类 / 蛋类 / 奶制品 / 鱼类 / 水果的意向呈正相关。

假设 3：肉类 / 蛋类 / 奶制品 / 鱼类 / 水果的行为控制认知与肉类 / 蛋类 / 奶制品 / 鱼类 / 水果的消费意向呈正相关。

假设 4：食用肉类 / 蛋类 / 奶制品 / 鱼类 / 水果的意向与食用肉类 / 蛋类 / 奶制品 / 鱼类 / 水果的行为呈正相关。

假设 5：肉类 / 蛋类 / 奶制品 / 鱼类 / 水果消费的行为控制认知与肉类 / 蛋类 / 奶制品 / 鱼类 / 水果消费行为呈正相关。

此外，我们认为有关食物消费的决定是经常和习惯性的。因此我们认为习惯是一个重要的解释因子。我们发现之前的相关研究止步于解释意向，而不是解释行为。之前也没有任何与食物消费有关的研究把习惯和认知需求作为解释因子同时纳入 TPB 中。因此，我们将检验它们是否同时解释了意向和行为。

假设 6：消费肉类 / 蛋类 / 奶制品 / 鱼类 / 水果的认知需求与消费肉类 / 蛋类 / 奶制品 / 鱼类 / 水果的意向呈正相关。

假设 7：消费肉类 / 蛋类 / 奶制品 / 鱼类 / 水果的习惯与消费肉类 / 蛋类 / 奶制品 / 鱼类 / 水果的意向呈正相关。

假设 8：消费肉类 / 蛋类 / 奶制品 / 鱼类 / 水果的认知需求与消费肉类 / 蛋类 / 奶制品 / 鱼类 / 水果的行为呈正相关。

假设 9：消费肉类 / 蛋类 / 奶制品 / 鱼类 / 水果的习惯与消费肉类 / 蛋类 / 奶制品 / 鱼类 / 水果的行为呈正相关。

除了检验图 12-1 中总结的 9 个假设外，我们还想知道不同的人如何评价每个详细的 TPB 构成变量（分项的信念强度和重要性评价）。我们将对详细构成变量的影响程度做两组比较：一是比较经常食用肉类 / 蛋类 / 奶制品 / 鱼类 / 水果的农户与较少食用的农户，二是比较较频繁消费的食物与较少消费的食物。这些比较是探索性的，因此不提出假设。

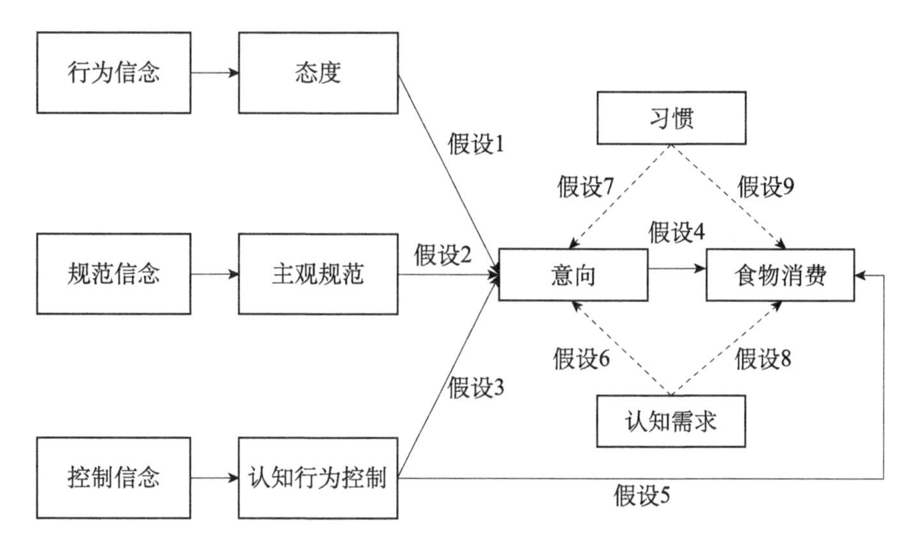

图12-1 扩展的计划行为理论（TPB）的说明和假设

12.3 研究方法

12.3.1 数据及样本

2018 年 8 月，研究团队对中国西南部云南省、贵州省 4 个贫困县 76 个村的 456 户家庭进行了面对面的入户调查。在每个县，按人口比例规模抽样的方法（PPS）随机抽取 19 个村，再在每个村简单随机抽样 6 户农户。调查内容包括家庭特征信息、食物消费频率（前 7 天）和食物消费数量（前 30 天）以及关于肉类 / 蛋类 / 奶制品 / 鱼类 / 水果消费中涉及 TPB 框架的所有解释变量信息。每名受访者只被问及五种食物中其中一种食物的 TPB 变量信息。被问及的食物种类是随机抽取的。在剔除了 456 份问卷中的 32 份无效问卷后，共获得有效问卷 424 份（其中涉及 TPB 变量的问卷为：肉类 86 份、蛋类 92 份、奶制品 85 份、鱼类 83 份、水果 78 份）。

表 12-1 显示了总样本的特征，其中 64.86% 为男性，74.29% 从事农业。平均年龄为 52.33 岁，所有受访者均为 18 岁以上的成年人。农户平均家庭规模为 3.50 人。近一半的样本来自贵州省（51.88%），另一半来自云南省。

表 12-1 样本的特征（n=424）

性别	%
男	64.86
女	35.14
从事农业	74.29
年龄	52.33（12.66）
家庭规模	3.50（1.53）
省，县	%
贵州省	51.88
盘州	25.94
正安县	25.94
云南省	48.11
武定县	23.35
会泽县	24.76

注：括号内为标准差。

表 12-2 为样本的食物消费情况。消费频率为每周 0～7 天，肉类消费频率最高（5.70 天），其次是水果（3.50 天）、蛋类（1.66 天）、奶制品（0.75 天）和鱼（0.30 天）。每名成年人每日的食物消费量，是按每项食物在过去 30 天内的家庭总消费量折算而成。比较实际的消费数量每成人每天等效推荐下限肉的消费量（40 克）、蛋类（40 克）、奶制品（300 克）、鱼（40 克）和水果（200 克），根据中国膳食宝塔，我们能够知道每个家庭都有每种食物消费不足。高达 99% 的样本缺乏奶制品，其次是 94% 的鱼类、84% 的蛋类、79% 的水果、13% 的肉类。

表 12-2 研究样本的食物消费状况（n=424）

项目	频率（天）		消费［克 /（标准人・天）］		消费不足（%）	
	均值	标准差	均值	标准差	均值	标准差
肉类	5.70	1.91	0.14	0.11	0.13	0.33
蛋类	1.66	1.98	0.02	0.04	0.84	0.36
奶制品	0.75	2.03	0.01	0.04	0.99	0.07
鱼类	0.30	1.08	0.01	0.02	0.94	0.24
水果	3.50	2.63	0.13	0.14	0.79	0.40

统计数据显示，只有肉类的消费量并不比我们样本中推荐的数量低多少。特别是奶制品和鱼类，以及蛋类和水果的摄入量远远低于推荐水平。

12.3.2 分析方法

就食用肉类 / 蛋类 / 奶类 / 鱼类 / 水果的 TPB 详细问题，将于下文说明。采用 Cronbach's alpha 检验 TPB 各构成部分的内部可信度。如果 Cronbach's alpha 大于 0.6，则认为该构成部分是可靠的（Verbeke et al.，2005）。

态度。四个信念的属性强度（b_i）由五分量表法（5-point Likert scales）测量（下同），从 1（完全不同意）到 5（完全同意），四个属性强度问题陈述如下："吃肉类 / 蛋类 / 奶制品 / 鱼类 / 水果是健康的""吃肉类 / 蛋类 / 奶制品 / 鱼类 / 水果是营养的""肉类 / 蛋类 / 奶制品 / 鱼类 / 水果很好吃""当我吃肉类 / 蛋类 / 奶制品 / 鱼类 / 水果时我感到很满足"。前两个属性反映了人们的认知态度，后两个属性代表了情感成分。信念属性的评价（e_i）也以五分量表法进行测量（下同），从 1（完全不重要）到 5（非常重要），问题陈述如下："当你选择吃肉类 / 蛋类 / 奶制品 / 鱼类 / 水果时，你认为健康 / 营养 / 味道 / 满足感（按顺序询问）在多大程度上是重要的？"将每个信念属性的强度和评价相乘（$b_i \times e_i$），再把乘积相加后取均值，则得到每个受访者对于吃某一种食物的整体态度。五种食物消费"态度"的 Cronbach's alphas 得分分别为：肉类 0.73、蛋类 0.63、奶制品 0.79、鱼类 0.82、水果 0.87。

主观规范。社会规范和个人规范都被认为是主观规范的组成部分。四个规范性信念的强度（n_j）问题陈述如下："我的家人认为我应该吃肉类 / 蛋类 / 奶制品 / 鱼类 / 水果""医生认为我应该吃肉类 / 蛋类 / 奶制品 / 鱼类 / 水果""为了给我的家人健康的饮食，我买肉类 / 蛋类 / 奶制品 / 鱼类 / 水果""为了给我的家人营养的饮食，我买肉类 / 蛋类 / 奶制品 / 鱼类 / 水果"。前两种是社会规范，后两种是个人规范。每个规范信念的动机（m_j）是通过询问每个规范信念在选择食用肉类 / 蛋类 / 奶制品 / 鱼类 / 水果时的重要性来衡量的。将每个规范性信念的强度和规范信念的动机相乘（$n_j \times m_j$），再把乘积相加后取均值，则得到每个受访者对于吃某一种食物的整体主观规范。五种食物消费"主观规范"的 Cronbach's alphas 得分分别为：肉类 0.63、蛋类 0.72、奶制品 0.73、鱼类 0.84、水果 0.86。

行为控制认知。食物的可负担性和可获得性被认为是生活在贫困偏远地区的农村居民对食物消费行为控制认知的主要方面，分别表明了对影响特定食物消费决策的资源和障碍的信念。两种控制信念（c_k）强度的问题陈述如下："我买得起肉类/蛋类/奶制品/鱼类/水果"和"我买得到肉类/蛋类/奶制品/鱼类/水果"。可负担性和可获得性的重要程度（p_k）是根据他们在选择肉类/蛋类/奶类/鱼类/水果时的重要程度来衡量的。将每个控制信念的强度和重要程度相乘（$c_k \times p_k$），再把乘积相加后取均值，则得到每个受访者对于吃某一种食物的整体行为控制认知。五种食物消费"行为控制认知"的 Cronbach's alphas 得分分别为：肉类 0.69、蛋类 0.63、奶制品 0.66、鱼类 0.67、水果 0.62。

认知需求。对吃肉类/蛋类/奶制品/鱼类/水果的认知需求是通过回答以下问题来衡量的："你觉得需要吃肉类/蛋类/奶制品/鱼类/水果吗？"，从 1 分（完全不需要）到 5 分（特别需要）。

习惯。吃肉类/蛋类/奶制品/鱼类/水果的习惯是通过回答以下问题来衡量的："你在多大程度上同意吃肉类/蛋类/奶制品/鱼类/水果是你饮食习惯的一部分？"从 1（完全不同意）到 5（完全同意）。

意向。吃肉类/蛋类/奶制品/鱼类/水果的意向是通过以下三种陈述来衡量的："在接下来的两个星期我会考虑吃肉类/蛋类/奶制品/鱼类/水果""在接下来的两个星期我想吃肉类/蛋类/奶制品/鱼类/水果"，"在接下来的两个星期我打算吃肉类/蛋类/奶制品/鱼类/水果"。每个问题的回答都用 1 到 5 的等级来衡量，三个问题的答案相加后取均值则得到整体意向。五种食物消费"意向"的 Cronbach's alphas 得分分别为：肉类 0.94、蛋类 0.96、奶制品 0.96、鱼类 0.95、水果 0.96。

行为。吃肉类/蛋类/奶类/鱼类/水果的频率，是根据受访者在过去 7 天内吃肉类/蛋类/奶类/鱼类/水果的天数来计算。回答从 0 天到 7 天不等。

通过结构方程模型（SEM）分别对影响每种食物消费的 TPB 假设关系进行了检验（Hankins et al.，2000）。与多个单独的回归分析不同，SEM 能够在一次分析中同时研究 TPB 中所有假设的关系（Bagozzi et al.，1988），并展示态度、主观规范和行为控制认知是如何通过意向来调节，从而对行为产生间接影响的。

TPB 及其扩展模型的拟合通过以下拟合优度指标进行评估：卡方（chi-square）和 P 值、近似均方根误差（RMSEA）、相对拟合指数（CFI）、Tucker-Lewis 指数（TLI）和标准化均方根残差（SRMR）。若卡方不具有统计学意义（$P>0.05$），CFI、TLI 大 于 0.90（Marcoulides et al.，1996），RMSEA、SRMR

小于 0.08，则认为模型拟合良好（Hu et al.，1999）。意向、行为和整体模型的 R^2 用来表示模型解释的方差百分比。

采用 t 检验分析不同食物消费水平的受访者以及具备替代作用的不同食物之间的态度、主观规范、行为控制认知、认知需求和习惯等各变量中信念强度和重要性评价的差异。

12.4 研究结果

表 12-3 为标准 TPB 和扩展 TPB 的结构方程模型分析结果，用于解释肉类、蛋类、奶制品、鱼类和水果的消费意向和频率。与标准 TPB 模型相比，扩展 TPB 模型将认知需求和习惯作为单独的回归变量。

标准及扩展的 TPB 模型均能完全拟合蛋类、奶类及鱼类的消费意向及频率，CFI 为 1.000，TLI 大于 1.000，RMSEA 为 0.000。对于肉类和水果，拟合优度统计结果不如其他三类食物好，但 SRMR 和卡方检验仍处于可接受水平（表 11-3）。

总体而言，模型对意向解释力强于对行为的解释力，这与其他与食物选择相关的研究一致（McDermott et al.，2015）。与标准的 TPB 相比，扩展的 TPB 增加了意向和行为的解释方差。例如，对于奶制品消费的估计，在标准的 TPB 中，意向方程和行为方程的 R^2 分别为 0.193 和 0.120，而在扩展的 TPB 模型中，R^2 分别为 0.628 和 0.161。在其他食物上也观察到同样的趋势。

12.4.1 意向的影响因素

在标准的 TPB 中，态度对消费意向有显著影响，肉类（*Coeff.* = 0.311，P = 0.007）、蛋类（*Coeff.* = 0.341，P = 0.002）、奶制品（*Coeff.* = 0.383，P = 0.099）、鱼类（*Coeff.* = 0.267，P = 0.017）、水果（*Coeff.* = 0.279，P = 0.006）。因此，假设 1 对所有五种食物都是成立的。然而，主观规范只在预测人们吃鱼（*Coeff.* = 0.251，P = 0.031）和水果（*Coeff.* = 0.401，P = 0.000）的意向方面有显著意义，这证实了假设 2 只适用于这两种产品。行为控制认知在预测任何食物的消费意向上都不显著。因此，假设 3 没有得到证实。

表 12-3　肉类、蛋类、奶制品、鱼类和水果的消费频率和消费意向的影响因素估计结果

项目	标准 *TPB*					扩展 *TPB*				
	肉类	鸡蛋	乳制品	鱼类	水果	肉类	鸡蛋	乳制品	鱼类	水果
频率										
INT	0.197*	0.295***	0.023	0.438***	0.418***	0.231*	0.192	-0.228	0.288*	0.255*
PBC	0.227**	0.067	0.345***	-0.027	0.149	0.230**	0.074	0.307***	-0.015	0.113
HBT						0.101	0.046	0.205	0.202	0.090
PN						-0.139	0.152	0.170	0.035	0.168
Constant	1.172	-0.439	-0.856	-0.584	-1.105	1.222	-0.95	-1.079	-0.856	-1.293
Intention										
PBC	0.107	-0.011	-0.016	0.143	0.160	-0.107	0.041	-0.080	0.189**	0.061
ATT	0.311***	0.341***	0.383***	0.267**	0.279***	0.346***	0.206*	0.136*	0.073	0.154*
SN	0.143	0.136	0.107	0.251**	0.401***	-0.076	0.061	-0.045	0.058	0.242**
HBT						0.165	0.227**	0.576***	0.342***	0.254***

续表

项目	标准 TPB					扩展 TPB				
	肉类	鸡蛋	乳制品	鱼类	水果	肉类	鸡蛋	乳制品	鱼类	水果
PN						0.460***	0.328***	0.270***	0.398***	0.291***
Constant	3.142	0.420	0.320	−0.199	0.713	0.695	−0.665	0.179	−0.854	0.261
R^2 *Freq*	0.114	0.096	0.120	0.186	0.265	0.126	0.118	0.161	0.213	0.288
R^2 *INT*	0.206	0.179	0.193	0.275	0.538	0.438	0.384	0.628	0.578	0.677
R^2 *Overall*	0.246	0.183	0.289	0.275	0.547	0.474	0.402	0.688	0.592	0.693
Chi2	4.965	1.078	1.164	0.187	5.950	5.544	0.947	1.925	0.468	8.029
P	0.084	0.583	0.559	0.911	0.051	0.063	0.623	0.382	0.791	0.018
RMSEA	0.131	0.000	0.000	0.000	0.159	0.144	0.000	0.000	0.000	0.197
CFI	0.895	1.000	1.000	1.000	0.952	0.936	1.000	1.000	1.000	0.946
TLI	0.631	1.150	1.126	1.172	0.834	0.650	1.126	1.005	1.104	0.703
SRMR	0.060	0.018	0.023	0.008	0.046	0.046	0.012	0.024	0.011	0.038

* $P<0.1$，** $P<0.05$，*** $P<0.01$。*INT*= 意向，*PBC*= 行为控制认知，*HBT*= 习惯，*PN*= 认知需求，*ATT*= 态度，*SN*= 主观规范。

在扩展的 TPB 中，认知需求对所有五种食物的消费意向都有显著影响（肉类：Coeff. = 0.460，*P* = 0.000；蛋类：Coeff. = 0.328，*P* = 0.001；奶制品：*Coeff.* = 0.270，*P* = 0.001；鱼类：*Coeff.* = 0.398，*P* = 0.000；水果：*Coeff.* = 0.291，*P* = 0.003），支持假设 6。习惯对蛋类（*Coeff.* = 0.227，*P*= 0.016）、奶制品（*Coeff.* = 0.576，*P*= 0.000）、鱼类（*Coeff.* = 0.342，*P* = 0.000）和水果（*Coeff.* = 0.254，*P* = 0.005）的消费意向也有显著影响，但不包括肉类。因此，假设 7 对四种食物成立的。此外，认知需求和习惯对意向的影响强于态度和主观规范。

与标准 TPB 预测结果相比，态度、主观规范和行为控制认知在扩展 TPB 中对肉类、蛋类、奶制品和水果消费意向的作用是相同的，但鱼类除外。在扩展的 TPB 模型中，行为控制认知成为吃鱼意向的显著影响因素（*Coeff.* = 0.189，*P* = 0.012），而态度和主观规范变得不显著。一种可能的解释是，对于鱼类消费，认知需求和习惯与态度和主观规范显著相关，而与行为控制认知无关。在扩展的 TPB 模型中引入认知需求和习惯弱化了态度和主观规范的影响，这与之前的相关研究结论一致（Verbeke et al.，2005；Payne et al.，2004）。

综上所述，对于大多数食物而言，认知需求、习惯和态度是意向的重要营养因素，认知需求和习惯的影响强于态度。分不同食物来说，水果的消费意向受认知需求、习惯、主观规范和态度（影响强度从最强到最弱排序，下同）的影响；蛋类和奶制品的消费意向受认知需求、习惯和态度的影响；对于奶制品而言，习惯是最强的影响因素；在扩展的 TPB 中，鱼类的消费意向受认知需求、习惯和行为控制认知影响，而在标准 TPB 中，则受态度和主观规范影响；肉类的消费意向受认知需求和态度的影响。

12.4.2 行为的影响因素

表 12-3 的结果显示，意向显著影响肉类（*Coeff.* = 0.197，*P* = 0.057）、蛋类（*Coeff.* = 0.295，*P* = 0.002）、鱼类（*Coeff.* = 0.438，*P* = 0.000）和水果（*Coeff.* = 0.418，*P* = 0.000）的消费频率，支持假设 4。行为控制认知仅显著影响肉类（*Coeff.* = 0.227，*P* = 0.025）和奶制品（*Coeff.* = 0.345，*P* = 0.000）的消费频率。因此，假设 5 只适用于肉类和奶制品，不适用于蛋类、鱼类和水果。

在扩展的 TPB 模型中，认知需求和习惯对任何食物的消费频率的影响都不显著，因此，假设 8 和假设 9 所述的直接影响没有得到证实。

然而，如表 12-4 所示，由于意向的影响，态度对蛋类（*Coeff.* = 0.083，*P* = 0.039）、鱼类（*Coeff.* = 0.041，*P* = 0.043）和水果（*Coeff.* = 0.091，*P* = 0.032）的消费频率有显著的间接影响。主观规范对鱼类（*Coeff.* = 0.030，*P* = 0.060）和水果（*Coeff.* = 0.119，*P* = 0.012）消费频率的间接影响显著。在扩展的 TPB 中，态度和主观规范对消费频率的间接影响减弱。态度只对蛋类的消费频率有显著的间接影响。主观规范对食物消费频率的影响不显著。相反，认知需求对蛋类和水果的消费频率有显著的间接影响（*Coeff.* = 0.472，*P* = 0.065）；习惯对鱼的消费频率有显著的间接影响（*Coeff.* = 0.320，*P* = 0.010）。

综上所述，在 TPB 中加入习惯和认知需求后，肉类消费频率的显著影响因素是意向和行为控制认知；蛋类的是认知需求和态度（间接影响）；奶制品的是行为控制认知；鱼类的是习惯（间接影响）和意向；水果的是意向和认知需求（间接影响）。

12.4.3 不同消费水平农户之间信念强度与重要性评价的差异

相当比例的受访者在调查前 7 天内没有食用过奶制品、鱼类、蛋类和水果。为了探究消费频率差异的原因，我们测试了消费频率大于零和消费频率等于零的两组受访者对每个信念项的信念强度和重要性评价的差异。表 12-5 呈现了差异比较的 *t* 检验结果。由于肉类的消费频率较高，没有零消费的受访者，我们只比较了蛋类、奶制品、鱼类和水果不同消费频率的受访者之间的差异。

与蛋类消费频率为零的受访者相比，消费过蛋类的受访者显著更相信吃蛋类是健康的、营养的、美味的和令人感到满足的。然而，主观规范和行为控制认知的差异主要是由于重要性评估，而不是信念强度。吃蛋类的受访者评估家人和医生的意见以及为家人提供健康的膳食更重要，而是否买得起并不那么重要。此外，他们有显著更强的认知需求和习惯。

消费奶制品的受访者显著更相信食用奶制品对家人的营养有好处、买得起，且有显著更强的认知需求和习惯。此外，他们显著更认为满足感、医生的意见和是否买得到对于是否消费奶制品而言是重要的。

消费鱼类的受访者显著更相信吃鱼是健康的、美味的、令人满意的和买得起的，家人和医生也显著更多地说他们应该吃鱼。此外，他们显著更认为满足感、为家人提供健康的饮食对于是否消费鱼类而言是重要的。他们吃鱼的习惯和认知需求也显著更强。

表 12–4　肉类、蛋类、奶制品、鱼类和水果的消费频率的间接影响因素

项目	标准 *TPB*					扩展 *TPB*				
	肉类	蛋类	奶制品	鱼类	水果	肉类	蛋类	奶制品	鱼类	水果
PBC	0.010	−0.002	−0.001	0.010	0.049	−0.012	0.004	0.010	0.015	0.011
ATT	0.039	0.083**	0.006	0.041**	0.091**	0.051	0.206*	−0.022	0.007	0.031
SN	0.016	0.021	0.001	0.030*	0.119**	−0.010	0.061	0.006	0.005	0.043
HBT						0.370	0.147	0.157	0.320***	0.380
PN						−0.093	0.472*	0.247	0.164	0.768*

注：* $P < 0.1$，** $P < 0.05$，*** $P < 0.01$。*INT*= 意向，*PBC*= 行为控制认知，*HBT*= 习惯，*PN*= 认知需求，*ATT*= 态度，*SN*= 主观规范。

表 12–5　信念强度的差异和消费频率水平的重要性评价

项目	蛋类			奶制品			鱼类			水果		
	Freq＞0	*Freq*=0		*Freq*＞0	*Freq*=0		*Freq*＞0	*Freq*=0		*Freq*＞0	*Freq*=0	
	n=52	*n*=40		*n*=16	*n*=69		*n*=18	*n*=65		*n*=59	*n*=19	
	*Mean*1	*Mean*2	*Diff.*	*Mean*1	*Mean*2	*Diff.*	*Mean*1	*Mean*2	*Diff.*	*Mean*1	*Mean*2	*Diff.*
Intention	3.79	2.87	0.93***	2.67	2.35	0.32	3.65	2.24	1.41***	4.12	2.89	1.23***
ATT	15.23	14.22	1.00**	13.11	13.33	−0.22	16.17	13.97	2.20***	16.44	14.67	1.77*
*att*1	17.15	15.75	1.40*	14.94	15.36	−0.42	17.00	15.02	1.98**	18.07	16.32	1.75
*att*1_*str*	4.04	3.75	0.29**	3.56	3.59	−0.03	4.00	3.66	0.34*	4.15	3.89	0.26
*att*1_*imp*	4.23	4.17	0.06	4.25	4.26	−0.01	4.22	4.08	0.15	4.31	4.16	0.15
*att*2	16.23	15.05	1.18*	15.19	14.87	0.32	16.22	14.75	1.47*	16.80	14.95	1.85*

续表

项目	蛋类			奶制品			鱼类			水果		
	Freq＞0	*Freq*=0		*Freq*＞0	*Freq*=0		*Freq*＞0	*Freq*=0		*Freq*＞0	*Freq*=0	
	n=52	*n*=40		*n*=16	*n*=69		*n*=18	*n*=65		*n*=59	*n*=19	
	*Mean*1	*Mean*2	*Diff.*	*Mean*1	*Mean*2	*Diff.*	*Mean*1	*Mean*2	*Diff.*	*Mean*1	*Mean*2	*Diff.*
att2_str	4.04	3.77	0.26^{***}	3.81	3.75	0.06	3.94	3.77	0.18	4.05	3.79	0.26
att2_imp	4.02	3.98	0.04	4.00	3.94	0.06	4.11	3.89	0.22^{*}	4.12	3.95	0.17
att3	14.52	13.70	0.82	11.94	12.26	−0.32	15.39	13.31	2.08^{**}	15.97	13.79	2.18^{**}
att3_str	3.85	3.52	0.32^{**}	2.94	3.17	−0.24	3.89	3.55	0.34^{*}	3.95	3.68	0.26
att3_imp	3.77	3.90	−0.13	4.13	3.88	0.24	3.94	3.77	0.18	4.00	3.74	0.26^{*}
att4	13.00	12.40	0.60	10.38	10.83	−0.45	16.06	12.78	3.27^{***}	14.93	13.63	1.30
att4_str	3.69	3.27	0.42^{***}	2.63	2.96	−0.33	4.00	3.49	0.51^{**}	3.78	3.63	0.15
att4_imp	3.52	3.83	-0.31^{**}	3.94	3.59	0.34^{*}	4.00	3.68	0.32^{*}	3.88	3.74	0.14
SN	14.97	13.86	1.11^{*}	14.09	13.34	0.75	14.82	12.70	2.12^{**}	17.03	13.09	3.94^{***}
*sn*1	14.19	12.75	1.44^{*}	12.25	12.35	−0.10	14.72	11.92	2.80^{**}	16.47	12.11	4.37^{***}
sn1_str	3.44	3.33	0.12	3.25	2.99	0.26	3.72	3.02	0.71^{***}	3.98	3.26	0.72^{***}
sn1_imp	4.12	3.85	0.27^{**}	3.81	4.09	−0.27	3.89	3.89	0.00	4.10	3.68	0.42^{**}
*sn*2	13.90	12.50	1.40	11.69	12.91	−1.23	14.39	12.20	2.19	17.19	11.21	5.98^{***}
sn2_str	3.25	3.15	0.10	3.06	3.06	0.00	3.50	3.06	0.44^{*}	4.03	2.89	1.14^{***}
sn2_imp	4.21	3.95	0.26^{*}	3.75	4.19	-0.44^{**}	4.06	3.94	0.12	4.22	3.89	0.33^{*}
*sn*3	15.96	15.20	0.76	16.31	14.33	1.98	15.56	13.29	2.26^{*}	17.22	14.58	2.64^{**}

续表

项目	蛋类			奶制品			鱼类			水果		
	Freq＞0	*Freq*=0		*Freq*＞0	*Freq*=0		*Freq*＞0	*Freq*=0		*Freq*＞0	*Freq*=0	
	n=52	*n*=40		*n*=16	*n*=69		*n*=18	*n*=65		*n*=59	*n*=19	
	*Mean*1	*Mean*2	*Diff.*	*Mean*1	*Mean*2	*Diff.*	*Mean*1	*Mean*2	*Diff.*	*Mean*1	*Mean*2	*Diff.*
sn3_str	3.85	3.77	0.07	3.75	3.42	0.33	3.72	3.37	0.35	4.07	3.68	0.38^{**}
sn3_imp	4.13	3.98	0.16^{*}	4.31	4.16	0.15	4.17	3.88	0.29^{*}	4.19	3.95	0.24^{*}
sn4	15.96	15.20	0.76	16.31	14.33	1.98	15.56	13.29	2.26^{*}	17.22	14.58	2.64^{**}
sn4_str	3.83	3.75	0.08	3.75	3.33	0.42^{*}	3.61	3.43	0.18	4.08	3.68	0.40^{**}
sn4_imp	4.10	3.95	0.15	4.25	4.07	0.18	4.00	3.85	0.15	4.17	3.89	0.27^{**}
PBC	14.29	14.16	0.13	16.38	13.20	3.17^{***}	14.44	13.34	1.11	15.93	12.16	3.77^{***}
*pbc*1	13.92	14.57	−0.65	16.56	13.06	3.50^{***}	14.50	12.95	1.55	15.66	12.42	3.24^{***}
pbc1_str	3.88	3.75	0.13	3.88	3.23	0.64^{**}	3.89	3.42	0.47^{*}	3.90	3.26	0.64^{***}
pbc1_imp	3.62	3.95	-0.33^{**}	4.31	4.06	0.25	3.72	3.88	−0.15	4.02	3.84	0.17
*pbc*2	14.65	13.75	0.90	16.19	13.35	2.84^{**}	14.39	13.72	0.67	16.20	11.89	4.31^{***}
pbc2_str	3.98	3.75	0.23	3.88	3.49	0.38	3.78	3.54	0.24	4.02	3.26	0.75^{***}
pbc2_imp	3.65	3.67	−0.02	4.19	3.80	0.39^{*}	3.89	3.89	0.00	3.98	3.68	0.30
PN	3.79	3.15	0.64^{***}	3.25	2.80	0.45^{*}	3.83	2.72	1.11^{***}	4.10	3.11	1.00^{***}
HBT	3.50	2.65	0.85^{***}	2.69	2.01	0.67^{**}	3.44	2.09	1.35^{***}	3.78	2.53	1.25^{***}

注: $^{*}P<0.1$, $^{**}P<0.05$, $^{***}P<0.01$。*INT*=意向，*PBC*=行为控制认知，*HBT*=习惯，*PN*=认知需求，*ATT*=态度，*SN*=主观规范。“*Freq*=0”表示消费频率为0。“_*str*”表示信念的强度，“_*imp*”表示重要性的评估。*att*1=健康，*att*2=营养，*att*3=美味，*att*4=满意；*sn*1=家人意见，*sn*2=医生意见，*sn*3=给家人健康的饮食，*sn*4=给家人营养的饮食；*pbc*1＝买得起，*pbc*2＝买得到。

对于吃水果的受访者而言，主观规范的各个方面都显著更强，他们也显著认为味道更重要，对于吃水果有更强的习惯和认知需求。

在比较每种信念强度和重要性评估的差异大小时，习惯是差异最大的，其次是认知需求。对于鱼类和水果，习惯和认知需求的差异都是显著的，并且差异值大于 1.00。除了习惯和认知需求，满足感的信念在蛋类和鱼类消费上表现出很大的差异；家人和医生意见在鱼类和水果消费上存在较大差异；给家人提供营养膳食的信念在奶制品和水果方面表现出较大差异；对“买得起”的信念在奶制品、鱼类和水果方面表现出较大差异；对“买得到”的信念仅在水果上表现出较大差异。

12.4.4 替代品之间信念强度与重要性评价的差异

为了探究人们为什么更倾向于食用某种食物而不是其替代品，我们比较了互为替代品的每对食物中每种信念强度和重要性评估的均值（表 12-6）。一对为肉类和鱼类，因为它们都是动物性食物，含有丰富的动物蛋白，用途上通常作为午餐或晚餐的主菜。另一对是蛋类和奶制品，因为它们都是动物的副产品，含有丰富动物蛋白，主要用于早餐。

表 12-6 食物对信念强度和重要性评价的差异

项目	肉类（*n*=86）	鱼类（*n*=83）	*Diff.*	蛋类（*n*=92）	奶制品（*n*=85）	*Diff.*
Intention	4.12	2.55	1.58^{***}	3.39	2.41	0.98^{***}
ATT	15.92	14.44	1.48^{***}	14.79	13.29	1.50^{***}
att1_str	3.83	3.73	0.09	3.91	3.59	0.32^{***}
att1_imp	4.31	4.11	0.21^{***}	4.17	4.26	−0.08
att2_str	3.86	3.81	0.05	3.92	3.76	0.16^{*}
att2_imp	3.97	3.94	0.03	3.97	3.95	0.01
att3_str	4.01	3.59	0.42^{***}	3.67	3.06	0.62^{***}
att3_imp	3.95	3.81	0.15^{*}	3.70	3.89	−0.20
att4_str	3.92	3.57	0.35^{**}	3.48	2.82	0.65^{***}
att4_imp	3.88	3.75	0.14	3.52	3.55	−0.03

续表

项目	肉类（*n*=86）	鱼类（*n*=83）	*Diff.*	蛋类（*n*=92）	奶制品（*n*=85）	*Diff.*
SN	15.26	13.16	2.10***	14.49	13.48	1.00**
sn1_str	3.59	3.17	0.42***	3.36	3.04	0.32**
sn1_imp	4.09	3.86	0.24**	3.97	4.04	-0.07
sn2_str	3.22	3.16	0.06	3.17	3.06	0.12
sn2_imp	4.09	3.89	0.20*	4.07	4.11	-0.04
sn3_str	3.97	3.41	0.56***	3.78	3.45	0.34***
sn3_imp	4.03	3.87	0.17	4.03	4.15	-0.12
sn4_str	3.99	3.43	0.55***	3.76	3.34	0.42***
sn4_imp	4.01	3.84	0.17	4.00	4.07	-0.07
PBC	14.88	13.58	1.30**	14.23	13.80	0.43
pbc1_str	3.78	3.52	0.26*	3.79	3.35	0.44***
pbc1_imp	3.86	3.81	0.05	3.73	4.07	-0.34***
pbc2_str	3.95	3.59	0.36***	3.85	3.53	0.32**
pbc2_imp	3.71	3.86	-0.15	3.63	3.84	-0.20
PN	4.08	2.96	1.12***	3.51	2.88	0.63***
HBT	4.27	2.39	1.88***	3.10	2.14	0.96***

注：* $P<0.1$，** $P<0.05$，*** $P<0.01$。*INT*= 意向，*PBC*= 行为控制认知，*HBT*= 习惯，*PN*= 认知需求，*ATT*= 态度，*SN*= 主观规范。“*Freq*=0”表示消费频率为 0。“*_str*”表示信念的强度，“*_imp*”表示重要性的评估。*att*1= 健康，*att*2= 营养，*att*3= 美味，*att*4= 满意；*sn*1= 家人意见，*sn*2= 医生意见，*sn*3= 给家人健康的饮食，*sn*4= 给家人营养的饮食；*pbc*1 = 买得起，*pbc*2 = 买得到。

对于肉类和鱼类的比较，食用肉类的意向显著强于鱼类（*Diff.* = 1.58，*P* = 0.000）。在所有信念强度和重要性评估的差异中，习惯表现出最大差异（*Diff.* = 1.88，*P* = 0.000），其次是认知需求（*Diff.* = 1.12，*P* = 0.000），以及认为有益于家人的健康（*Diff.* = 0.56，*P* = 0.000）和营养（*Diff.*=0. 55，*P* =0.000）。此外，与吃鱼相比，受访者更相信吃肉是健康的、有营养的、买得到的、买得起的，而且家人和医生告诉他们应该吃肉。与吃鱼相比，在做出吃肉的决定时，受访者认为健康、味道、家人和医生的意见更重要。

对于蛋类和奶制品的比较，食用蛋类的意向明显高于奶制品（*Diff.* = 0.98，

$P = 0.000$）。习惯同样表现出最大的差异（*Diff.* = 0.96，$P = 0.000$），其次是认知需求（*Diff.* = 0.63，$P = 0.000$），以及认为它是有满足感的（*Diff.* = 0.65，$P = 0.000$）和美味的（*Diff.* = 0.62，$P = 0.000$）。而且，受访者更相信食用蛋类是健康的、有营养的、买得到的、买得起的、有益于家人的健康和营养的。与消费奶制品相比，在做出消费蛋类的决定时，受访者认为“买得起”更重要。

12.5 结论及建议

12.5.1 在 TPB 中认知需求和习惯所扮演的角色

在这项研究中，在 TPB 中添加认知需求和习惯作为意向和行为的影响因子，大幅度增加了意向的解释力，但只少量增加了行为的解释力。同时，我们发现认知需求和习惯只是意向的直接影响因素，而不是行为的直接影响因素，这意味着习惯和认知需求仅通过意向间接影响行为。

另一个观察是，除了肉类消费外，认知需求和习惯对意向的影响大于其他 TPB 变量，而认知需求和习惯的加入降低了态度和主观规范对意向的影响，以及意向对行为的影响。这一结果与在 TPB 中加入习惯的一些研究相吻合（Saba et al.，1998；Bagozzi，1981）。这可能因为对于频繁决定的行为，人们会下意识地做出决策，很少运用认知思考的过程，因此，所有需要思考的 TPB 变量在决策中的作用都较小，而习惯则起着较大的作用（Faghih et al.，2019）。然而，从我们的结果来看，肉类是所有五类食物中最常食用的食物，但是习惯对意向的影响并不显著，且在 TPB 中加入习惯后，其他 TPB 变量的影响程度并没有降低。

由此，我们转向另一种解释：食物参与。食物参与通常描述一个人参与和思考食物获取，准备，烹饪，饮食和处置的深度（Bell et al.，2003）。在我们的研究中，一个经常被执行的行为，比如吃肉，可能仍然伴随着大量的认知努力，例如，人们可能会很注意肉的质量，花时间去选择他们想要的那块肉。这种解释与以下观点是一致的，即某些行为虽然包含着自发的、下意识的元素，但在本质上仍然是合乎 TPB 的基本假设的（Bamberg et al.，2010）。然而，对于奶制品消费，习惯的影响占主导地位，而奶制品是最不常食用的产品。这意味着，对于一个很少被执行的行为来说，人们在做决策时可能因为信息或经验太少而无法做出认知上的努力，因此习惯起着重要的作用：没有消费奶制品习惯的人通常也不会消费奶制品。综上所述，习惯对意向或行为的影响不一定与行为的发生频率有关，还可能与行为决策所需的认知复杂性或广泛性有关。不频繁的行为可能由于缺乏信息而导致较强的习惯效应。

我们发现认知需求和习惯都能很好地解释意向，但不能直接解释行为，并建议在未来类似的研究中将它们加入 TPB 中。

12.5.2 提高鱼类、水果、奶制品和蛋类消费的建议

为了提出改善目标食物实际消费的措施建议，我们需要关注行为的重要影响因素。

对于鱼类和水果，消费频率显著地由意向预测，在这两种情况下，认知需求是意向的最强的影响因素，其次是习惯。认知需求可以通过两种方式增强：让农村居民意识到吃鱼和水果对健康的好处；使农村居民了解他们的消费量与建议水平之间的差距。这些信息都可以纳入农村地区现有的营养教育项目。然而，习惯很难在短期内改变，尤其是对成年人来说。食物选择的生命周期表明，饮食习惯主要形成于生命的早期阶段（Shepherd et al.，2006）。因此，努力形成健康的饮食习惯对儿童和青少年是最有效的。因此，学校的营养教育和膳食对形成健康的饮食习惯至关重要。

对于水果消费，重要的意向影响因素还包括主观规范和态度。我们发现主观规范的各个方面在频繁食用水果和较少食用水果的人之间存在显著差异。医生和家人对食用水果的建议起到了很大的作用。因此，可以在当地的医疗服务培训和营养教育项目中推广食用水果的重要性。同时，举办与周围人分享饮食知识的交流活动可能也会有效。从态度上来说，我们知道味道起了很大作用。在广告或其他促销措施中，使人们觉得水果是美味的，可能有效地提高人们吃水果的意向。

对于鱼类消费，除了认知需求和习惯外，另一个重要的意向影响因素是行为控制认知。比较吃鱼和不吃鱼的人，行为控制认知的显著差异主要是“是否买得起”。比价消费肉类和鱼类在行为控制认知上的差异，“买得起”和“买得到”的差异都是显著的。由于调查区域处于山区，改善鱼类在当地市场的供给能力以及提高当地居民的购买力是改善这些地区鱼类消费的必要措施。

对于奶制品消费而言，意向并不是行为的显著影响因素，而行为控制认知才是。与鱼类消费一样，需要采取措施提高奶制品的可获得性和可支付能力。

蛋类消费是由认知需求和态度间接影响的。在营养教育中强调吃蛋类的营养

和健康，使蛋类的食谱多样化的措施可能有助于提高人们对吃蛋类的整体态度。前文所述的对于鱼类和水果认知需求改善措施也可应用于蛋类。

12.5.3 局 限 性

本研究的主要局限性在于它是一项横截面研究，因此不能得出因果关系的结论。从结果中提出的干预措施的有效性仍有待严格的实验来检验。然而，我们认为这些探索性的研究至少为中国欠发达农村地区改善食物消费和营养的努力方向提供了重要的信息。

综上所述，本研究应用标准和拓展的 TPB 解释中国西南贫困县农村居民的食物消。据我们所知，这是第一个使用 TPB 研究中国农村，尤其是贫困县居民食物消费的社会心理因素的研究。研究结果可应用于改善中国农村贫困地区居民膳食多样性和营养状况的干预措施设计。研究还发现，将认知需求和习惯纳入 TPB 可显著增加意向的解释力，而认知需求和习惯仅间接影响行为。

参考文献

AJZEN I, 2012. The theory of planned behavior[J]. Handbook of Theories of Social Psychology, 1(1): 438-459.

AJZEN, ICEK, 1991. The theory of planned behavior[J]. Organizational Behavior and Human Decision Processes, 50 (2): 179-211.

AJZEN I, 2005. Attitudes, personality, and behavior[M]. Berkshire, UK: McGraw-Hill Education: 117-136.

AJZEN, ICEK, 2015. Consumer attitudes and behavior: the theory of planned behavior applied to food consumption decisions[J]. Rivista Di Economia Agraria, 70 (2): 121-138.

ARMITAGE C J, CONNER M, 2001. Efficacy of the theory of planned behaviour: A meta-analytic review[J]. British Journal of Social Psychology, 40 (4): 471-499.

BABU S, GAJANAN S N, HALLAM J A, 2016. Nutrition Economics: Principles and Policy Applications[M]. Cambridge, USA: Academic Press: 29.

BAGOZZI R P, 1981. Attitudes, intentions, and behavior: A test of some key hypotheses [J]. Journal of Personality and Social Psychology, 41 (4): 607-627.

BAGOZZI R P, Yi Y, 1988. On the evaluation of structural equation models[J]. Journal of the Academy of Marketing Science, 16（1）: 74-94.

BAMBERG S, SCHMIDT P, 2003. Choice of Travel Mode in the Theory of Planned Behavior : The Roles of Past Behavior, Habit, and Reasoned Action [J]. Basic and Applied Social Psychology, 25（3）: 175-187.

BAMBERG S, SCHMIDT P, 2010. Choice of Travel Mode in the Theory of Planned Behavior : The Roles of Past Behavior, Habit, and Reasoned Action [J]. Basic and Applied Social Psychology, 25（3）: 175-187.

BELL R, MARSHALL D W, 2003. The construct of food involvement in behavioral research: Scale development and validation [J]. Appetite, 40（3）: 235-244.

HANKINS M, FRENCH D, HORNE R, 2000. Statistical guidelines for studies of the theory of reasoned action and the theory of planned behaviour [J]. Psychology and Health, 15（2）: 151-161.

HARDCASTLE S J, THØGERSEN-NTOUMANI C, CHATZISARANTIS N L D, 2015. Food choice and nutrition: A social psychological perspective [J]. Nutrients, 7（10）: 8712-8715.

HARDEMAN W, JOHNSTON M., JOHNSTON D, et al., 2002. Application of the theory of planned behaviour in behaviour change interventions: A systematic review [J]. Psychology and Health, 17（2）: 123-158.

HEADEY D, ECKER O, 2013. Rethinking the measurement of food security: from first principles to best practice [J]. Food Security, 5（3）: 327-343.

HU L T, BENTLER P M, 1999. Cutoff criteria for fit indexes in covariance structure analysis: Conventional criteria versus new alternatives [J]. Structural Equation Modeling, 6（1）: 1-55.

International Food Policy Research Institute, 2014. 2013 Global food policy report [R]. In A. Marble H. Fritschel (Eds.), 2013 Global food policy report.

KLÖCKNER C A, 2013. A comprehensive model of the psychology of environmental behaviour—A meta-analysis [J]. Global Environmental Change, 23（5）: 1028-1038.

LEEK S, MADDOCK S, FOXALL G, 2000. Situational determinants of fish consumption. British Food Journal.

LUO R, WANG X, ZHANG L, et al., 2011. High anemia prevalence in western China [J]. Southeast Asian Journal of Tropical Medicine and Public Health, 42（5）: 1204.

MARCOULIDES G A, SCHUMACKER R E, 1996. Advanced structural equation modeling: Issues and techniques [M]. New York, USA: Psychology Press: 57-89.

MCDERMOTT M S, OLIVER M, SVENSON A, et al., 2015. The theory of planned behaviour and discrete food choices: A systematic review and meta-analysis [J]. International Journal of Behavioral Nutrition and Physical Activity, 12（1）.

MCEACHAN R R C, CONNER M, TAYLOR N J, et al., 2011. Prospective prediction of health-related behaviours with the theory of planned behaviour: A meta-analysis [J]. Health Psychology Review, 5（2）: 97-144.

OTSUKA R, KATO Y, NISHITA Y, et al., 2016. Dietary diversity and 14-year decline in higher-level functional capacity among middle-aged and elderly Japanese [J]. Nutrition, 32（7-8）: 784-789.

PAISLEY C M, SPARKS P, 1998. Expectations of reducing fat intake: The role of perceived need within the theory of planned behaviour [J]. Psychology and Health, 13（2）: 341-353.

PAYNE N, JONES F, HARRIS P R, 2004. The role of perceived need within the theory of planned behaviour: A comparison of exercise and healthy eating [J]. British Journal of Health Psychology, 9（4）: 489-504.

PINSTRUP-ANDERSEN P, 2007. Agricultural research and policy for better health and nutrition in developing countries: A food systems approach [J]. Agricultural Economics, 37（S1）: 187-198.

POVEY R, WELLENS, B, CONNER M, 2001. Attitudes towards following meat, vegetarian and vegan diets: An examination of the role of ambivalence [J]. Appetite, 37（1）: 15-26.

POVEY, RACHEL, CONNER M, SPARKS, et al., 2000. Application of the Theory of Planned Behaviour to two dietary behaviours: Roles of perceived control and self - efficacy [J]. British Journal of Health Psychology, 5（2）: 121-139.

ROZIN P, 2006. The integration of biological, social, cultural and psychological influences on food choice. Frontiers in Nutritional Science, 3: 19.

RUSSELL S V, YOUNG C W, UNSWORTH K L, Robinson C, 2017. Bringing habits and emotions into food waste behaviour [J]. Resources, Conservation and Recycling, 125（June）: 107-114.

SABA A, MONETA E, NARDO N, et al., 1998. Attitudes, habit, sensory and liking expectation as determinants of the consumption of milk [J]. Food Quality and Preference, 9（1-2）: 31-41.

SABA A, VASSALLO M, TURRINI A, 2000. The role of attitudes, intentions and habit in predicting actual consumption of fat containing foods in Italy [J]. European Journal of Clinical Nutrition, 54（7）: 540-545.

SCHOLDERER J, GRUNERT K G, 2001. Does generic advertising work? A systematic evaluation of the Danish campaign for fresh fish [J]. Aquaculture Economics and Management, 5（5-6）: 253-271.

SHEPHERD R, RAATS M, 2006. The psychology of food choice [M]. Oxfordshire, UK:

CABI: 41-56.

SIBHATU K T, QAIM M, 2018. Review: Meta-analysis of the association between production diversity, diets, and nutrition in smallholder farm households [J]. Food Policy, 77 (October 2017) : 1-18.

SPARKS P, CONNER M, JAMES R, SHEPHERD R, et al., 2001. Ambivalence about health-related behaviours: An exploration in the domain of food choice [J]. British Journal of Health Psychology, 6 (1) : 53-68.

THOMPSON M M, ZANNA M P, Griffin D W, 1995. Let's not be indifferent about (attitudinal) ambivalence [J]. Attitude Strength: Antecedents and Consequences, 4, 361-386.

VERBEKE W, VACKIER I, 2005. Individual determinants of fish consumption: application of the theory of planned behaviour [J]. Appetite, 44 (1) : 67-82.

WONG C L, MULLAN B A, 2009. Predicting breakfast consumption: An application of the theory of planned behaviour and the investigation of past behaviour and executive function [J]. British Journal of Health Psychology, 14 (3) : 489-504.

13 总结与建议

13.1 总　　结

以改善农户食物安全的路径为框架分析中国扶贫攻坚实践给贫困县农户的公共服务、生计、生活生产环境、生计策略等带来的改变，及其对农户食物安全的影响，研究发现：

（1）政府投入、基础设施与公共服务的改变

政府扶贫投入不断加大，受益农户增多，得到农户的认可。中央财政安排专项扶贫资金年均增长20%以上，其中扶贫投入包括村级公共服务细化为“雨露计划”、教育优惠政策和大病救助；居住条件改善包括安居工程、易地搬迁和整村搬迁；扶贫产业发展包括特色产业发展、电商扶贫和光伏发电。在政府减贫投入的不断支持下，2012—2018年，样本农户收到的政府现金转移性支付从不足1 000元增加到超过3 500元，总额大幅增长。样本农户的扶贫项目参与方面，2013—2018年6年期间，无论是项目的数量还是参与户数，都在逐步增加，在此期间，农户对扶贫项目的认可度普遍较高，反馈扶贫效果很好的农户超过50%。

脱贫攻坚改善了欠发达地区的基础设施和公共服务，实现“两不愁，三保障”。农户拥有更多的受教育机会，其中拥有初中的样本村比重略有提高，由期初的10.91%上升为2018年的13.64%；2018年，所有样本村都实现了卫生室的全覆盖，样本村农户使用清洁饮水的比例达到97.3%。同时样本村的道路硬化水平显著增加，村内道路硬化率从2010—2012年的25.5%增加到2018年的82%。在与市场连接方面，小农户进入大市场的渠道逐渐疏通，有合作社的村比重明显增加，但是合作社和农超对接等带动农户能力仍然较低。

（2）农户的收入增长与食物安全和营养的改善

农户收入稳步增长，收入结构稳定，支出结构优化。2015年至2018年，三

省六县农村家庭的总收入增加是2012年至2015年间的数倍，并且这一明显变化是农户的自身创收能力提高带来的，样本农户的家庭收入结构在这两个三年间变化均较小，收入结构较为稳定。两种“用品及服务”类的支出在家庭支出中经历了从无到有，从有到多的过程，体现了现代新农村家庭生活质量的提高。

样本农户总体食物安全、食物消费与营养摄入情况有所改善，食物不安全农户大幅减少，能量、蛋白质摄入不足农户比例下降，但消费结构仍需改善。样本农户食物消费种类仍较为单一，乳制品、水产类的消费量严重不足，蔬菜、豆类及坚果类、畜禽肉类的消费量接近推荐标准，谷物和食用油已远超出推荐标准。农户逐渐从自给自足转向依赖于市场购买，因此收入对食物消费有正向促进作用，收入水平高的农户，各类食物消费量高，动物性食物尤为明显，提高可支配收入、防止食物价格剧烈波动对改善贫困县农户食物消费水平意义重大。样本农户营养状况得到了改善，农户能量摄入2018年比2012年每标准人·天的2 661.4千卡提高了181.2千卡，2018年农户蛋白质摄入量比2015年增加了1.9克。蛋白质的食物来源主要为谷薯类（57.4%），优质蛋白摄入比例有所改善（从2015年27.8%增至2018年的31.0%），因此还需要努力增加贫困地区农户肉、蛋、奶等蛋白质含量高的动物性食物的消费。

（3）欠发达地区农户生计策略的变化

主粮作物和经济作物结构调整的比重显著增加，大部分农户仍从事农业生产工作。在9年间，81.6%的样本村出现过结构调整，主粮调整的样本村占比为49%，大多由生产效益低的经济作物向经济效益高的转变。从事农业生产的家庭比例一直处于较高水平，在2012年、2015年和2018年，约92%的调研农户家庭仍然从事农业生产，比例由2012年的96.56%下降到2018年的92.04%，降幅为4.52%；从事农业打工的农户比例有较大幅度地提高，增幅为16.94%；农户从事非农行业的比例变化较小。

外出务工人员增加，且倾向于长期外出务工。样本农户中，外出家庭占比数均超过家庭总数的一半，外出人数占比在调研期间一直呈现上涨态势，长期在外的人数较多，在外务工1年及1年以上的占总人数的50%～60%，在外务工9～12个月的人数也有近20%，流动人口外出从事非农工作占比最大，在70%左右。外出务工以男性为主，其中，男性外出务工人次占外出务工总人次的62%，女性则占38%。

（4）欠发达地区农户食物消费与营养改善的驱动力

政府转移性支付有利于增加欠发达地区农户食物消费。按政府转移支付的类型来看，扶贫贷款、营养餐项目有利于增加欠发达地区农户食物消费金额，营养餐项目尤其能增加谷物消费量、蔬菜消费量、水果消费量和动物性食物消费量，有效改善农村家庭食物消费结构。生产补贴与养老金则对农村家庭食物消费总金额和食物消费量没有显著影响。

提高农业生产多样性有助于改善农户饮食多样性。农业生产多样性通过食物和现金两条路径影响饮食多样性，两者均对农户饮食多样性有正向影响，但食物路径的影响强度要大于农业现金收入路径。此外，改善饮食多样性不能仅仅依靠农业生产的多样性，还要充分促进市场发展。所调查地区的农业生产平均商品化率不足24%，农业商品化程度普遍较低。农业商品化、市场化的发展有助于提高农户食物购买力、可获得性，从而促进饮食多样化。

外出务工有助于改善农村留守家庭成员的食物消费。外出务工能显著增加留守家庭成员的食物消费支出，同时降低了恩格尔系数，提高了当地居民的食物消费水平，对留守家庭成员的奶类、蛋类、肉类和水产品消费有明显的促进效果。外出务工主要是通过收入的增加来提升留守家庭成员的食物消费。此外，外出务工对留守家庭食物消费的影响具有异质性，且主要体现在对不同财富水平家庭的影响程度具有差异。低财富家庭和中低财富家庭更多地提升薯类消费；中等财富家庭和中高财富家庭更多消费豆类，谷类和薯类消费也有显著提高；高财富家庭消费的提升比较全面，水产、蛋类、豆类等蛋白质来源的消费提升较为明显。

女性赋权的提高有助于家庭成员蛋白质摄入的增加。女性赋权在男性外出务工对家庭成员蛋白质摄入的影响中有部分中介效应，即男性外出务工增加了女性赋权，而女性赋权提高也为家庭成员蛋白质的摄入带来正面影响。进一步地，对于收入较高的样本农户，女性赋权在男性外出务工对其家庭成员蛋白质摄入的影响中有完全中介效应。此外，男性外出务工距离家乡的远近对女性赋权的影响无显著差异。

习惯和认知需求是农户食物消费行为意向的主要因素，此外态度、主观规范、行为控制认知也影响着行为意向。不同种类食物的社会心理影响因素存在差异。对于鱼类和水果，认知需求是意向的最强的影响因素，其次是习惯。对于水果消费，重要的意向影响因素还包括主观规范和态度，从态度上来说，味道起了很大作用。对于鱼类和奶类消费，除了认知需求和习惯外，另一个重要的意向影响因素是行为控制认知，即人们认为低供给和低购买力影响了他们购买鱼类和奶类的意向。

13.2 建　　议

在大规模的减贫投入和大力度的政府支持下，带来的政府现金转移支付类别和幅度、劳动力转移、农业生产结构和规模发生了变化，这给农户食物安全带来了显著影响，此外消费者认知、习惯等社会心理因素也会改变其食物消费。因此本书在分析这些影响机制的基础上提出了相关建议。

通过分析不同类型的政府转移性支付对于欠发达地区农户食物消费的影响，发现政府转移性支付有利于增加欠发达地区农户食物消费金额，且可以显著增加农村家庭谷物消费量，在各项政府转移支付政策中，扶贫贷款和营养餐项目是有效地改善农户食物消费的手段，尤其是营养餐项目，不仅增加了食物消费金额，同时也改善了农户家庭食物消费结构。进一步的，专门针对食物安全与营养的项目对于农户食物安全的改善要优于现金转移支付。因此，建议政府在后续制定食物安全战略时，在顶层设计上将转移支付方式与食物安全目标有机融合，并推广以营养为导向的项目和农业生产生活。

在探讨了农业生产多样性、市场发展与饮食多样化之间的关系后，发现农业生产多样性可以提高农户饮食多样化程度，同时发展饮食多样化不能仅仅依靠农业生产，市场发展也是影响饮食多样化的显著因素。据此提出建议如下。①农业多样性在提高人们营养和健康方面具有重要意义，在农业政策体系构建中应考虑营养目标，促进农业生产与营养一体化协调发展，从而更有效地改善营养与健康状况。②随着农业商品化程度提高，并不会对食物路径形成挤出效应，反而由于种植规模的扩大呈现促进作用，与此同时能够提高农户食物购买力，从而促进饮食多样化。因此，一方面，需要营造适宜农业商品化发展的外部环境，包括完善农产品从生产、加工、运输到销售全产业链的建设，实现小农户与大市场之间顺畅对接；另一方面，激发农业商品化发展的内生动力，加强农业教育和农业技术培训，使农户转变自给自足的思想观念，增强市场意识，同时采用适应市场发展的农业技术，使农业要素得到进一步优化。③发展商业化的关键在于规模，而不是种类。因此，改善贫困地区农户营养健康，一方面，根据膳食营养指导，结合自身实际情况，丰富自食农产品品种；另一方面，依托于当地自然和经济优势，选择少数品种集中发展商品化，提高商业化程度，提高农户购买力，从而促进饮食多样化。

对于欠发达地区的农村居民来说，外出务工增加的家庭收入对于提升营养健康和生活品质具有重要保障，对留守家庭成员食物消费改善有显著的积极作用。

因此，提出以下建议：当前，在政府精准扶贫改善农村居民生产生活的同时，对于已经发展较好的家庭可以促进其闲置劳动力外出务工，助力农村居民食物消费的稳步增长，改善农村居民的饮食结构和营养摄入。在2020年全面脱贫的同时，引导农村居民走向“质量”并举、营养健康的食物消费模式。

在推动男性外出务工增加农户收入水平的基础上，可通过进一步提高女性赋权来促进农户家庭成员蛋白质摄入。在当前中国不断加快城镇化进程和农村剩余劳动力继续转移的大背景下，农户基于“男主外，女主内”这一原则在性别之间进行非农经济活动和农业生产劳动的分工，留守女性因而已成为目前中国农村生产生活的最主要的参与主体。因此，一方面，政府应通过技术培训、农民就业辅导和职业培训等措施，积极帮助欠发达地区的农民增加外出务工的机会，助力农户收入水平的进一步提高，从而改善他们的蛋白质等营养摄入。另一方面，应更多关注留守在广大农村地区女性的生存和生活状况。让社会逐步认识到：首先，在大批青壮年男性劳动力进城务工从事非农生产活动的背景下，农村留守女性已经成为当下中国农业生产的中坚劳动力群体，她们为农业生产贡献力量；其次，需要增加女性创业和就业机会，充分发挥女性参与经济活动的能力，这有助于提高女性的经济贡献和独立性。此外，农村留守女性对其家庭做出的贡献不仅仅局限于其从事农业生产、经济活动所获得的直接收入，还应包括为解决男性外出务工的后顾之忧而承担的家庭照料工作，她们的社会价值应该得到进一步的评估和肯定。同时，应鼓励广大留守农村的女性积极参与村庄集体活动，增加女性的社区参与感。让女性在社区活动参与过程中获得更多的村庄话语权，从而提高农村女性赋权，改善农村女性的社会生活质量和社会地位。

基于对不同种类食物的社会影响因素，提出以下建议：对于鱼类和水果，努力形成健康的饮食习惯，重点在于儿童和青少年，学校的营养教育和膳食对形成健康的饮食习惯至关重要。对于水果消费，重要的意向影响因素还包括主观规范和态度，因此可以在当地的医疗服务培训和营养教育项目中推广食用水果的重要性；同时，举办与周围人分享饮食知识的交流活动。从态度上来说，我们知道味道起了很大作用。因此，在广告或其他促销措施中，使人们觉得水果是美味的，能够有效地提高人们吃水果的意向。对于鱼类和奶类消费，除了认知需求和习惯外，另一个重要的意向影响因素是行为控制认知，因此，除了培养习惯之外，改善鱼类和奶类在当地市场的供给能力以及提高当地居民的购买力是改善欠发达地区鱼类和奶类消费的必要措施。

致　谢

受联合国世界粮食计划署委托，2009—2012年中国农业科学院农业信息研究所承担了中国6个贫困县的食物安全和脆弱性综合分析项目。作为联合国—西班牙千年基金项目“改善中国最弱势妇女和儿童群体的营养、食品安全和食品保障状况”的子项目，该研究对中国农村贫困地区食物安全状况进行了两轮调研和评估。在此基础上，项目组得到了国家自然科学基金面上项目、青年项目和重点国际（地区）合作与交流项目以及国家社会科学基金重大项目的资助，于2012—2020年先后开展“农村贫困人口粮食安全研究”（项目编号：71173222）、“食品价格波动对连片特困地区农户、营养安全的影响研究（项目编号：71303239）”“精准扶贫与互联网扶贫的实施机制和效果评估研究”（项目编号：71661147001）、重大项目“精准扶贫战略实施的动态监测与成效评价研究”（项目编号：16ZDA021）。正是这些项目的支持使得这项起始于2010年的农户调查能够坚持9年，完成4轮重访。研究团队在项目实施期间得到了有关机构、部门和个人的大力支持与帮助，在此对他们表示衷心的感谢。

云南省、贵州省、陕西省的各级政府，尤其是云南省农业信息中心、云南省楚雄彝族自治州武定县农业农村局、云南省曲靖市会泽县农业农村局、贵州省盘州市农业农村局、贵州省遵义市正安县农业农村局、陕西省农村科技开发中心、陕西省商洛市洛南县科技和教育体育局、洛南县商务局、陕西省商洛市镇安县扶贫办、镇安县粮食局、镇安县商务局、镇安县科教局、镇安县电子商务和对外经济服务中心为项目调研提供了巨大支持，他们科学的安排和协调保障提高了调研的效率和质量。同时也要感谢调研中涉及的全体村干部及农户长期的配合。感谢来自中国农业科学院、西北农林科技大学、云南农业大学、西南大学调查员努力而富有成效的工作。报告是集体的研究成果，项目组每位成员都为报告的撰写付出了辛勤劳动，感谢他们的努力与支持。